农家书屋助乡村振兴丛书

乡村绿色生产生活技术16例

XIANGCUN LÜSE SHENGCHAN SHENGHUO JISHU 16 LI

张庆忠　梅旭荣　朱昌雄　主编

U0238563

中国农业出版社
农村读物出版社
北京

编　写　人　员

主　编：张庆忠　梅旭荣　朱昌雄
副主编（按姓氏笔画排序）：
　　　　王玉峰　江丽华　侯志研　耿　兵
　　　　夏训峰　黄宏坤
参　编（按姓氏笔画排序）：
　　　　王　芊　王一丁　王丽君　王根林
　　　　托　娅　刘　翀　孙　雷　李玉梅
　　　　李昊儒　李晓华　杨　岩　谷学佳
　　　　张富林　尚洪磊　国　辉　郑利杰
　　　　居学海　娄翼来　钱　铃　徐　钰
　　　　高生旺　高馨婷　董　智

目 录

第一篇

种植业面源污染防控技术

水稻侧深施肥插秧一体化技术

水稻侧深施肥插秧一体化技术是中日国际合作项目"中国可持续农业技术研究发展计划"引自日本的环境友好型生产技术，经过我国科研人员的本土化改进，已在黑龙江、宁夏、辽宁、安徽、江苏、湖南等地应用，是农机农艺措施融合实现水稻清洁生产的典范。该技术使用专用机械在插秧的同时，将缓控释肥料一次性集中施于秧苗一侧 3~5 厘米处，深度 5 厘米，从而形成一个储肥库逐渐释放养分供给水稻生育的需求，一般不需追肥，省工节肥，提高了肥料利用率。在我国实际应用中，有些农户使用掺混肥料、复混肥料，而不使用缓控释肥料，这种情况需要追肥，达不到技术的最佳效果。

该技术适用于水稻机械插秧种植生产的区域。

一、技术基本要求

1. 肥料要求

（1）肥料种类。 可用缓释肥料、掺混肥料、复混肥料，缓释肥最佳。所有肥料应符合 GB/T 23348、GB 21633、GB/T 15063、NY/T 1112 等相关标准，并获得肥料登记证。

（2）肥料剂型。 应选用颗粒状肥料，要求颗粒均匀、表面光滑、无机械杂质、70％以上呈圆形且直径为 2~4 毫米。勿使用粉末多的肥料或容易成粉的肥料；勿使用含水量高的肥料，含水量应≤2％。尽量使用吸湿性小的肥料，减少使用吸湿性大的肥料。

（3）施肥原则。 施肥应符合 NY/T 496 的要求。按氮（N）：磷（P_2O_5）：钾（K_2O）＝1：（0.4～0.5）：（0.3～0.5）的比例来确定肥料的用量。

（4）施肥量。 由于施肥量因土壤、气候、作物品种的差异而不同，基于水稻需肥规律、土壤养分供应状况和肥料效应来确定相应的施肥量，一般为当地常规施肥量的80%～90%，根据长势可在后期确定是否追肥。

（5）施肥量的校正。 肥料种类、剂型不同会造成机械实际排肥量与设定施肥量不符，因此需要在施肥插秧前对机械进行施肥量的校正，使其与推荐施肥量相同。

2. 秧苗要求 根据插秧机要求选用规格化毯状或钵体带土秧苗，秧龄 30 天以上，叶龄 3.0 叶以上，苗高 15 厘米左右，根数 9～11 条，充实度 2.7～3.0。

保持秧块完整均匀、无石块或硬物，土壤含水量 35%～55%，空格率小于 5%。

为防止秧苗枯萎或秧块变干影响插秧作业，应做到随起、随运、随插，已运至插秧作业现场的秧块应避免阳光直射并喷施适量水分。

3. 机械要求 使用符合 GB/T 20864 要求的插秧机械，并装配施肥装置。

为了提高作业质量，应装配平地轮。

应按照使用说明书的规定对机械进行调整和保养，保障正常作业。

二、操作流程

1. 本田整地

（1）旱整地。 土壤适宜含水量为 25%～30%，耕深 15～20 厘米。采用耕翻、旋耕、深松及耙耕相结合的方法，以翻一年、松旋两年的周期为宜。有机质含量多的稻田应以秋翻为主。

（2）水整地。 在旱整地的基础上，于插秧前 10 天以上灌水泡田，用打浆机整平耙细，达到地面高差不过寸*，寸水不露泥，田间水层控制在 3～4 厘米。插秧前耙完沉淀 10 天左右，坚实土地以利于插秧机械作业，避免秧苗过深。

2. 插秧

（1）插秧时期。 5 月中下旬，日平均气温稳定通过 13℃时开始插秧，5 月末结束。

（2）插秧规格。 根据土壤状况和水稻品种确定株行距（13～16）厘米×30 厘米，每穴 4～5 株基本苗。插秧深度不超过 1.5 厘米，插秧后要查田补苗。

（3）插秧质量。 插秧做到行直、穴匀，插秧质量指标应符合 NY/T 989 的规定。

3. 作业程序

（1）装填肥料。 装填肥料前应先将肥料箱清理干净，肥料应均匀地铺满肥料箱，去除结块的肥料及杂物、异物等，装填完毕后盖好箱盖。插秧过程中应避免水及杂物进入肥料箱（图 1-1）。

（2）装填秧苗。 装填秧苗前将秧箱移到一侧，展平秧块，贴

※ 寸为非法定计量单位，1 寸≈3.33 厘米。——编者注

图 1-1　装填肥料

紧秧箱底部，压紧压苗器（图 1-2）。

图 1-2　装填秧苗

（3）调整机械。 按照确定的施肥量和校正结果调节施肥刻度。根据要求设定取苗量及横向取苗次数，确定合适的株距挡位（图 1-3）。

（4）插秧施肥。 启动插秧机，开始试插，检查肥料是否正常

图 1-3　调整机械

排出，并及时调整插秧深度（图 1-4）。水稻机械插秧作业应符合 NY/T 2192 的规定，肥料应集中施于秧苗一侧3～5 厘米、深 5 厘米处。

图 1-4　插秧施肥

（5）用后保养。作业结束后应排净机器内剩余肥料，并用水冲洗机械各部位，及时进行检查和处理，加注或补充燃油或润滑油（图1-5）。

图1-5　插秧机保养

4. 田间管理

（1）追肥。拔节初期视水稻长势酌情追施穗肥，以防后期脱肥影响水稻产量。

（2）水分管理。插秧后灌水建立水层，水深要达到苗高的1/3左右，水不要淹没秧苗。秧田插秧后不要马上灌水，防止漂秧，插秧2天后再灌水。

分蘖期应灌以浅水层，或浅水与湿润相结合，以便提高土温，促进分蘖早生快发。

水稻返青后要把水层控制在3厘米左右。一般在6月末至7月初，接近有效分蘖终止期要撤水晒田10天以上。

拔节幼穗期不能缺水，但水层也不能过深，一般保持水层3～5厘米为宜。出穗前8～14天，如遇17℃以下低温，水层应增加到17厘米以上，防御障碍型冷害，之后恢复浅水灌溉。

结实期水层管理要求是：出穗期浅水，齐穗后间歇灌溉。间歇灌溉是灌一次浅水，自然渗干到脚窝有水，再灌浅水，在结实期前期要多湿少干，后期要多干少湿。为了达到水稻高产优质，停灌时期至少要在出穗后 30 天以上，一般蜡熟末期停灌，黄熟初期排干。

(3) 除草。苗床除草通过封闭灭草和覆膜等措施，本田除草主要通过以苗压草、以水压草、人工除草、生物药物除草等方法。

(4) 病虫害防治。主要防治稻瘟病、纹枯病等病害，以及二化螟、潜叶蝇等虫害。可采用浸种消毒、生物防治、化学防治、农艺措施综合防治。

三、减排效果及效益情况

采用本技术可显著减少总氮、总磷排量，土壤氮、磷流失显著减少。水稻长势好于常规种植，在肥料减量 15％ 的条件下仍可增加产量。常规种植流程：翻地-基肥-灌水-耙地-退水-插秧-追肥-收获。施肥插秧一体化技术流程：翻地-灌水-耙地-退水-插秧施肥-收获。施肥插秧一体化技术改变了施肥方式，减少了施肥量，也节省了人工成本，但增加了机械成本，综合来看增加经济效益 2 400 元/公顷。

水稻规模化种植水肥优化技术

水稻规模化种植可采用多种方式减少面源污染，如优化耕作、测土配方施肥、改进施肥方式、减少肥料施用量、采用病虫草害生物防治技术和节水灌溉等，通过技术整装，形成水稻规模化种植水肥优化技术，减少农业面源污染物的产生和排放。

该技术适用于东北单季水稻规模化种植。

一、技术流程与基本要求

（一）育苗

1. **苗床施肥**　苗床制备时，把肥沃、无农药残留的旱田土和腐熟的猪粪按 7∶3 比例混合堆制，或用旱田土、腐熟草炭和猪粪按 4∶4∶2 比例混合堆制，播种前过 6～8 毫米孔径筛后使用。把充分混合过筛的营养土与水稻苗床调理剂充分混拌后使用。

2. **苗床土制备**　机插普通盘（30 厘米×60 厘米）育苗播芽种 100 克，每盘底土厚度 2 厘米，用腐殖土或肥沃的表层旱田土作覆土，覆土厚度 0.5 厘米，覆土应均匀一致。钵体盘育苗，每穴播芽种 3～4 粒。

3. **育苗标准**　秧龄 30 天以上，叶龄 3.0～3.5 叶，苗高 15 厘米左右，根数 9～11 条，充实度 3.0 左右（图 1-6）。收集育秧过程中使用过的塑料薄膜和软盘，尽可能予以再利用，或进行集中处置。

图1-6　育　苗

（二）本田整地

1. **翻耕**　翻耕时期尽量选在秋季，翻耕深度为 15～20 厘米，翻耕时要掌握土壤适宜水分，一般在 25％～30％时进行，确保翻耕质量（图1-7）。

图1-7　翻　耕

2. **旋耕**　旋耕深度一般只有 12～14 厘米，连年旋耕会使耕层逐渐变浅而导致水稻减产，提倡两旋一翻。

3. **水整地**　在旱整地的基础上，于插秧前 10 天以上灌水泡田，使用打浆整地机，要求耙平、耙匀、耙透，达到地面高差不过寸，寸水不露泥（图1-8）。

图 1-8　水整地

（三）施肥

1. **施肥原则**　根据水稻需肥规律、土壤养分供应状况和肥料效应,确定相应的施肥量和施肥方法。所用肥料应符合 NY/T 496 的要求。以有机肥与无机肥、生物肥相结合,基肥与根外追肥相结合为原则,实现平衡施肥。通过测土配方施肥、改进施肥方式、减少肥料施用量、应用增效剂与长效氮肥、进行深层施肥、采用水稻机械施肥插秧一体化技术等提高肥料利用率,控制污染。收集使用过的肥料包装袋,予以回收利用。

2. **基肥**　水稻整个生育期氮肥（N）用量 120～150 千克/公顷,磷肥（P_2O_5）用量 45～75 千克/公顷,钾肥（K_2O）用量 60～75 千克/公顷。40%氮肥、全部磷肥及 60%钾肥作基肥。随插秧机施入的基肥选择水稻专用肥,宜使用水稻专用缓释肥,要求颗粒均匀、硬度高。

3. **追肥**　插秧后至分蘖前,每公顷施尿素 50～75 千克。使用施肥插秧一体化技术，不需追施蘖肥。拔节初期施入穗肥，每公顷施尿素 40～50 千克、硫酸钾 40～50 千克。要注意拔节黄，叶色未褪淡不施，等叶色褪淡再施。抽穗前施入粒肥，每公顷施尿素10～20 千克，生长正常和生长过旺的水稻可少施或不施粒肥。若底肥没有施用锌肥，可在分蘖期用 50～100 克硫酸锌配成 0.2% 的水溶液进行叶面补施。可用含硅、含硒的液体肥料进行叶面喷施。

（四）灌水

插秧后灌水建立水层，水深要达到苗高的 1/3 左右，水不要淹没秧苗。秧田插秧后不要马上灌水，防止漂秧，插秧 2 天后再灌水。

分蘖期应灌以浅水层或浅水与湿润相结合，以便提高土温，促进分蘖早生快发。

水稻返青后要把水层控制在 3 厘米左右。一般在 6 月末至 7 月初，接近有效分蘖终止期要撤水晒田 10 天左右。

拔节幼穗期不能缺水，但水层也不能过深，一般保持水层 3～5 厘米为宜。出穗前8～14 天，如遇 17℃ 以下低温，水层应增加到 17 厘米以上，防御障碍型冷害，之后恢复浅水灌溉。

结实期水层管理要求是：出穗期浅水，齐穗后间歇灌溉。间歇灌溉是灌一次浅水，自然渗干到脚窝有水，再灌浅水，在结实期前期要多湿少干，后期要多干少湿。为了实现水稻高产优质，停灌时期至少要在出穗后 30 天以上，一般在蜡熟末期停灌，在黄熟初期排干。

（五）病虫草害防治

1. **防治原则**　按生物防治与适宜农艺措施相结合的原

则，农药以低毒和生物农药为主，尽量不用或少用化学药剂。根据地块规模，选择人工喷施或者飞机喷施（图 1-9）。

图 1-9　人工喷施药剂和飞机喷施药剂

2. 主要病虫害防治方法

（1）**潜叶蝇防治方法**。浅水灌溉，使苗壮、叶片直立，减轻危害；清除灌溉渠堤及埂上杂草，减少虫源；药剂防治，提倡秧苗带药下地，每 100 米^2 用 10％吡虫啉 5 克兑水 1.5 千克喷雾。

（2）**水稻负泥虫防治方法**。在 5 月末 6 月初，清除稻田附近杂草，消灭越冬虫源。成虫出现较多或孵化的幼虫达到小米粒大小时，用 2.5％溴氰菊酯或氯氟氰菊酯乳油 1 000～1 500 倍液喷雾。

（3）**二化螟防治方法**。采用农药、农艺措施综合防治，措施包括：药剂封闭稻草垛，喷洒稻茬、稻田周边杂草；盛孵高峰至盛孵末期灌深水 12～15 厘米淹没叶鞘，每次保持 2～3 天能杀死大量幼虫；利用灯光可诱杀成虫。

（4）**稻瘟病防治方法**。主要采用抗病品种、清除带病稻草、适量施用氮肥、浅水灌溉的方法，壮根健株，提高抗病能力。药剂防治：以控制叶瘟，严防节瘟、穗颈瘟为主，及时喷施多抗霉素和春雷霉素等生物农药防治。

3. 除草

(1) 稗草。 有条件的地方生产有机水稻的可采用降解膜除草。需要化学除草的,插秧前3～5天用30%莎稗磷1 000毫升/公顷毒土封闭或同返青肥一起施用,苗后用10%氰氟草酯500～750毫升/公顷兑水叶面喷施。

(2) 阔叶杂草。 48%苯达松(灭草松)3升/公顷兑水喷雾。

(3) 水绵。 三苯基乙酸锡或硫酸铜,毒土或喷雾。

(六) 收获

1. 收获期　稻谷成熟度达到90%,抢晴收获,边收获边脱粒。

2. 晾晒　将已脱粒的稻谷风干扬净后,分品种薄晒于稻场或晒垫,勤翻动,晒1～2天。入库稻谷含水量13.5%以下,要求稻谷新鲜、色泽金黄、无杂谷秕粒、无破损、无米粒、无泥土沙子。

(七) 污染控制

(1) 通过测土配方施肥、改进施肥方式、减少肥料施用量、采用病虫草害生物防治技术和节水灌溉等措施控制污染。

(2) 收集育秧过程中使用过的塑料薄膜和软盘,尽可能予以再利用,或进行集中处置。

(3) 稻草秸秆还田或做其他应用,严禁焚烧。

(4) 收集使用过的肥料包装袋,予以回收利用。

(5) 集中处理农药施用后残余的药液或清洗农药容器后的废液,避免随意倾倒;如用在未施药的农作物或休耕地上,应按照标签或说明书使用;回收并集中处理用过的农药包装袋、药瓶,不得随意丢弃。

二、减排效果及效益情况

松花江流域水稻种植主要污染风险期为泡田排水以及施肥期，采用水稻种植面源污染控制技术通过水-肥综合调控能够减少氮磷流失20%以上。

采用水稻种植面源污染控制技术能够增加水稻产量，对品质没有明显的影响。

采用水稻种植面源污染控制技术能够增加经济效益 2 295元/公顷。计算依据：缓释肥 3 800 元/吨，复合肥 3 100 元/吨，尿素 2 200 元/吨，水稻3元/千克。

玉米生产优化施肥＋秸秆还田＋深翻技术

玉米是黑龙江省主要粮食作物，种植面积稳定在 8 000 万亩*以上，约占黑龙江省耕地面积的 1/3。当地农民习惯种植模式中施肥不够合理，一般氮肥（N）用量为 180～225 千克/公顷、磷肥（P_2O_5）用量为 75～120 千克/公顷、钾肥（K_2O）用量为 30～45 千克/公顷，磷肥和钾肥全部作为基肥施入，氮肥 1/3 作为基肥，2/3 作为追肥在大喇叭口期施入。秸秆处理方式一般为就地焚烧或移走作为燃料和饲料，少量农户采用立茬还田。此外，还有一些农田采用顺坡垄作模式，相比横坡垄作地表径流大。针对以上问题，本技术主要整装了优化施肥、采用缓释肥、秸秆还田、深翻等技术，可有效减少氮、磷的流失。

该技术适用于东北冷凉区一熟制，规模化种植，平地或坡耕地。

一、技术操作流程与基本要求

（一）耕翻整地

实施松、翻、耙相结合的土壤耕作制。整地方式分为翻耕和深松两种。整地时间分为秋整地和春整地两种。

---

* 亩为非法定计量单位，1 亩＝1/15 公顷。全书同。——编者注

土地 3～5 年深翻 1 次，翻深 30 厘米以上。深翻一般使用五铧犁，73.5 千瓦（100 马力）以上的拖拉机（图 1-10）。

图 1-10　翻地作业

(1) 秋翻整地。耕翻深度 20～25 厘米，做到无漏耕、无立垡、无坷垃，翻后耙耢（图 1-11）。按种植要求垄距及时起垄镇压，严防跑墒，减少水土流失。

图 1-11　耙地作业

（2）春翻整地。坡耕地早春顶浆起垄，先松原垄沟，再破原垄台合成新垄，及时镇压。

（3）秸秆还田。平原地区可根据气候条件秋翻整地或春整地。对于坡度＞3°以上的地块，应该选择秸秆覆盖或留高茬，尽量横坡打垄，并选择春天整地。秸秆还田与联合收割同时进行，土壤相对含水量应达到 60%～80%，玉米秸秆含水量宜达到 20%～30%，秸秆机械粉碎长度≤10 厘米。使用秸秆还田机械将留在地里的农作物茎秆和叶片就地粉碎并抛撒在地表进行覆盖（图 1-12），或施肥后将秸秆翻埋入土（图 1-13）。根据土壤肥力状况要合理施肥，适当增加氮肥，秸秆粉碎还田后，加施尿素75 千克/公顷。

图 1-12 秸秆覆盖

（二）施肥

实施测土配方施肥，做到氮、磷、钾及微量元素合理搭配。

（1）有机肥。每公顷施用含有机质 8% 以上的农家肥 30～40吨，结合整地撒施或条施。

图 1-13　秸秆还田

（2）化肥。每公顷施氮肥（N）100～150 千克，其中30％～40％作底肥或种肥，另 60％～70％作追肥施入；每公顷施磷肥（P₂O₅）75～112 千克，结合整地作底肥或种肥施入；每公顷施钾肥（K₂O）60～75 千克，作底肥或种肥，但不能作为秋施底肥。根据施肥量施等量复合肥或掺混肥，缓释肥料施入 80％～90％，根据生长状况作追肥处理。

（三）播种

（1）播期。地温稳定通过 6～8℃时抢墒播种。黑龙江省第一积温带 4 月 25 日至 30 日播种，第二积温带、第三积温带 4 月 25 日至 5 月 10 日播种。

（2）播种方式。土壤含水量低于 20％的地块催芽坐水埯种，坐水埯种地块播后隔天镇压。垄上机械精量点播，可在成垄的地块采用施肥播种一体机械同步施肥与播种。播种做到深浅一致，覆土均匀。机械播种随播随镇压。镇压后播深达到 3～4 厘米，镇压做到不漏压、不拖堆。

（3）密度。株型收敛品种，每公顷保苗 8 万～9 万株；株型繁茂品种，每公顷保苗 6 万～8 万株。按种植密度要求确定播种量。

（四）封闭除草

玉米田杂草种类多，主要以稗草、马唐、狗尾草、反枝苋、藜等杂草为主。化学除草：苗前封闭以乙草胺、噻吩磺隆为主，每亩用量为 81.3％乙草胺 125～150 克＋75％噻吩磺隆2.0～2.5 克。若没有封闭除草，或由于气象原因封闭效果不好可苗后除草。

（五）苗后管理

（1）铲前深松、趟地。 出苗后进行铲前深松或铲前趟地一次，增加地温。

（2）苗后除草。 苗后除草选择在玉米 3～5 叶期、杂草 3 叶 1 心时施药。使用20％硝磺草酮苗后除草，用量为 750～900 毫升/公顷，建议加入高效助剂，可提高农药利用率10％～15％。

（六）追肥

（1）大喇叭口期，铲后追施尿素要深施入土 5～10 厘米，施肥后盖土，不要撒施地表。

（2）可结合中耕，在玉米根部附近追施尿素。趟地覆土要达到一定深度，以提高肥料的利用率，减少流失。

（3）叶面肥的施用。根据农作物生长状况，微量元素、生长调节剂一般叶面喷施，可提高肥料利用率。

（七）病虫害防治

（1）虫害。 玉米害虫主要是玉米螟，玉米螟宜在幼虫三龄前进行防治。用赤眼蜂防治玉米螟，投放量为 15 000 头/亩，放蜂间隔 30 米。

（2）病害。玉米病害主要以丝黑穗病和大斑病为主。预防丝黑穗病常用的有效方法是用 0.3％戊唑醇拌种，效果显著。大斑病发病初期应及时施药，常用药剂有 75％百菌清可湿性粉剂 300～500 倍液、50％多菌灵可湿性粉剂 500 倍液。抽雄期连续喷药 2～3 次，每次间隔 7～10 天。

农药施用后残余的药液或清洗农药容器后的废液，避免随意倾倒，回收并集中处理用过的农药包装袋、药瓶，不得随意丢弃。

（八）适时收获

玉米成熟期即籽粒乳线基本消失，一般在 9 月 25 日至 10 月 5 日，收获后及时晾晒。

二、减排效果及效益情况

采用玉米种植面源污染控制技术能够减少氮磷流失 20％以上。

采用优化施肥、深松整地等技术集成的玉米种植面源污染控制技术模式能够增加玉米产量，但差异不显著。

与常规种植技术相比，采用本技术能够增加经济效益 1 285.5 元/公顷。计算依据：复合肥 2 800 元/吨，缓释肥 3 300 元/吨，尿素 1 800 元/吨，封闭除草剂 900 克/升乙草胺 125～150 克，噻吩磺隆 2.0～2.5 克，封闭除草成本 4～5 元/亩，叶面肥 1～2 元/亩，高效助剂 0.8～1.0 元/亩，赤眼蜂价格 150 元/公顷，玉米价格 1.5 元/千克。不考虑人工费。

春玉米秸秆覆盖免耕种植技术

　　春玉米旱作农业区存在农田风蚀水蚀严重、土壤瘠薄、地力下降、秸秆就地焚烧浪费严重、面源污染严重、粮食产量不稳等突出问题。秸秆覆盖免耕种植技术可以实现在全量秸秆覆盖地表的情况下，一次性完成清理种床秸秆、播种、施肥、覆土镇压等工序，减少了对土壤的扰动，能最大限度保护土壤结构。因此，该技术可以防止土壤侵蚀、减少面源污染，同时改善土壤生态环境、育土培肥、提高耕地质量，稳定粮食产量，实现农业可持续发展。

　　从 2000 年开始，东北春玉米区引进、示范、推广保护性耕作技术，如今适合东北春玉米生产的保护性耕作技术体系已初步建成，示范推广面积超过 330 多万公顷。然而，由于机具发展的限制，非常适合旱作农业区的保护性耕作技术的最高形式——玉米秸秆覆盖免耕种植技术的发展才刚刚起步，加之农艺措施的不统一，在秸秆覆盖地表情况下的免耕种植作业不规范，致使免耕播种的作业效率、播种的深度及密度、施肥的位置和肥量的精确性以及化学除草、病虫害防治等田间作业受到很大影响，没有完全发挥免耕种植技术的优势，也影响了种植户的经济效益和积极性。春玉米秸秆覆盖免耕种植技术经过多年验证，达到了标准化、规范化的要求，可以很好解决上述问题，实现经济效益、生态效益相统一。

　　本技术适用于生长季降水量在 300 毫米以上的北方旱作春玉米种植区。种植行距小于 70 厘米，全量秸秆覆盖情况下，建议采用二比空（即玉米种二垄空一垄栽培法）或大垄双行的种植模式；种植行距大于 70 厘米，采用均匀行距即可。在坡度大于 5°的情况下，建议采用等高种植的方式。

一、技术操作流程与基本要求

（一）秸秆处理

玉米收获后，秸秆（不粉碎）需均匀覆盖地表（图 1-14）。如果采用机械收获，在收获作业的同时，将秸秆粉碎装置的动力切断，保证玉米秸秆不粉碎且均匀覆盖地表；如果采用人工站秆收获，收获玉米果穗后，秸秆可以压倒或不做任何处理；如果采用人工割秆收获，要求留茬 30～40 厘米，只需将玉米穗掰下运走即可，避免秸秆成堆铺放，秸秆应均匀铺于地表，春天直接采用免耕播种机播种。

图 1-14　秋收后秸秆处理

（二）播种条件

5～10 厘米的土壤温度稳定通过 10 ℃，土壤含水量达到田间持水量的 60%以上，即为播种适宜期。

（三）播种

1. 种子质量　选用籽粒均匀、饱满，无病虫和杂质的玉米杂交种，种子发芽率在 98%以上，且达粮食作物种子质量标准（GB 4404.1—2008）。

2. 种子包衣　播种前一周应进行晒种，并依据生产实际包衣，具体操作参照 GB/T 15671—2009 执行。同时，建议播种时在种箱内用少量石墨粉拌种，增加种子光滑度以利于播种。

3. 种床要求　种床应整洁，无杂草、碎秸秆（图 1-15），种床土层无夹干土。

图 1-15　清理种床秸秆

4. 播种深度　播种深度以覆土镇压后种子距地表 3～5 厘米为宜，依据土壤墒情调节播种深度，但最大深度不宜超过 7 厘米（图 1-16）。

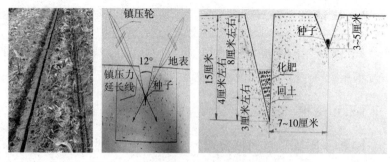

图 1-16　开沟播种施肥镇压效果图及示意图

5. 播种质量　播种作业质量应达到 NY/T 1628—2008 要求，单粒率 97% 以上，空穴率 3% 以下。种植密度：密植型品种以 6 万株/公顷为宜，稀植型品种不宜超过 5 万株/公顷。

（四）施肥

1. 化肥品质　选用粒状肥料，优先选择粒径均匀、颗粒硬度适宜的化肥。

2. 施肥量　依据当地农业生产实际合理施肥，一般建议一次性施玉米专用复合（混）肥 600 千克/公顷、种肥（磷酸二铵）100 千克/公顷。土壤瘠薄地块根据玉米长势可在后期适量追肥。

3. 施肥深度　采取侧位深施方式施肥，要求种、肥（基肥）横向间隔 5～7 厘米，施肥深度 12 厘米以上。

（五）杂草防控

1. 农业防控　通过作物轮作的方式防止或降低伴生性杂草。

2. 化学防控　采用苗前封闭为主、苗后触杀为辅的原则防控田间杂草。用 50% 乙莠合剂 3 000 毫升/公顷苗前封闭除草，如苗前除草效果不佳，可在出苗后用烟嘧磺隆等除草剂进行杂草茎叶处理。

（六）病虫害防治

1. 农业防治　实行 2～3 年轮作 1 次，选用抗病、抗虫的品种，适期播种，合理密植，清除田间和田边杂草，及早铲除病株。

2. 物理防治　根据害虫生物学特点，采用黑光灯、频振式杀虫灯、糖醋液、黄色黏虫板、银灰膜等方法诱杀害虫。

3. 生物防治　保护害虫天敌资源防控虫害；利用植物源、抗生素类、活体农药、病毒类农药等防治病虫害，如玉米心叶期，用含 40 亿～80 亿个/克孢子的白僵菌粉制成颗粒施在玉米顶叶内侧防治玉米螟。

4. 化学防治

（1）玉米大斑病。喷洒 50％多菌灵可湿性粉剂 500 倍液或 50％甲基硫菌灵可湿性粉剂 600 倍液，隔 10 天喷 1 次，连续防治 2～3 次。

（2）玉米褐斑病。苯菌灵和甲基硫菌灵 500 倍液叶面喷雾防治。

（3）玉米灰斑病。75％百菌清可湿性粉剂 500 倍液或 20％三唑酮乳油 1 000 倍液叶面喷雾防治。

（4）玉米丝黑穗病。选用 15％三唑酮可湿性粉剂按种子质量的 0.5％拌种或 13％烯唑醇可湿性粉剂按种子质量的 0.3％拌种。

（5）玉米顶腐病。用 25％三唑酮可湿性粉剂按种子质量的 0.2％拌种。

（6）玉米纹枯病。发病初期，用 5％井冈霉素 1 500～2 300 毫升/公顷，或 20％井冈霉素粉剂 375 克/公顷，加水 750～900 千克茎叶喷雾。

(7) 地下害虫。如地老虎、蛴螬、蝼蛄、金针虫等，每公顷用50%辛硫磷乳油1 500毫升，加水7.5千克，拌225千克细干土制成毒土，随肥施入土壤。

(8) 玉米螟。心叶期是防治该虫的关键时期，每公顷用20%氯虫苯甲酰胺200～300毫升兑水450千克喷雾防治玉米螟，也可将辛硫磷、敌百虫等颗粒剂或毒土放入心叶。打苞露雄期用90%敌百虫晶体2 000倍液灌药杀死雄穗中的幼虫，穗期用50%敌敌畏或90%敌百虫晶体800～1 000倍液点滴雌穗。

(9) 黏虫。当每平方米查测幼虫达0.5头时，每亩用4.5%高效氯氰菊酯50毫升加水30千克均匀喷雾，或用2.5%高效氯氟氰菊酯乳油、2.5%溴氰菊酯乳油1 000～1 500倍液、10%吡虫啉2 000～2 500倍液喷雾防治。

5. 用药要求　采取农业防治、生物防治为主，化学防治为辅的方式防控病虫害。加强病虫害预测预报，做到有针对性地适时用药，未达到防治指标或益害虫比合理的情况下不用药。根据防治对象的特性和危害特点，允许使用生物源农药、矿物源农药和低毒有机合成农药，有限度地使用中毒农药，禁止使用剧毒、高毒、高残留农药，严禁使用禁止使用的农药和未核准登记的农药。注意不同作用机理的农药合理交替使用和混用，以提高防治效果。坚持农药的正确使用，严格按使用浓度施用，施药力求均匀周到，不漏施、不重施。

(七) 收获

根据当地的栽培制度、气象条件、品种熟性和田间长势灵活掌握收获时期。粒用玉米要在完熟期收获，判定标准如下：

(1) 根据田间长势。玉米植株基部叶片变黄、苞叶呈黄白色而松散，是成熟的标志。

（2）根据籽粒状况。籽粒乳线消失，坚硬光滑，基部形成黑色层时要及时收获。

二、减排效果及效益情况

与传统耕作相比，免耕条件下除播种、施肥外并未移动或扰动其他土壤。在免耕系统中，农作物残茬形成的覆盖层改变了土壤水分状况，进而影响了土壤的理化和生物学特性，最终影响速效氮、有效磷在土壤剖面中的分布。在一个生长季内，整个土体（0～100 厘米）速效氮含量较传统耕作增加 16.4%，有效磷增加 18.7%。

因土壤环境的改变，免耕中氮的行为与传统耕作下稍有差异，免耕系统土壤剖面（0～100 厘米）中全氮的含量较传统耕作提高 17.3%；而土壤全磷在土壤中的分布与全氮有所差别，免耕条件下全磷的含量较传统耕作降低 0.4%。

在施肥量相同的条件下，免耕增加了氮、磷养分在土壤中的残留，生产中采取免耕方式，可以适当降低化肥用量。若同量施用的条件下，有增加氮、磷流失的风险。

免耕种植尤其适用于半干旱风沙地区，秸秆覆盖起到显著的抑蒸保墒效果。同时，最大限度地保护土壤结构，增强了春玉米的抗逆能力，进而增加产量。增产幅度为 8.4%～35.5%，特别是在降水量较常年减少的年份，玉米免耕种植增产表现更加明显。

免耕为轻简化种植的一种方式，最大限度降低了播种的成本。在半干旱风沙地区，因其显著的保墒效果，增加了玉米的产量。同时，生产成本每亩可节约 70 元，产投比增加 31%。

大葱面源污染防控技术

　　大葱/冬小麦模式通过浅根系的大葱和深根系的小麦套作，一方面可以充分利用土层中积累的养分，避免资源浪费并减少环境污染；另一方面有效解决了菜粮争地矛盾和大葱连作障碍，既保证了粮食安全，又增加了经济效益。该模式已经在河北鹿泉、山东德州、山东临沂等地大面积栽培。实际生产中，由于大葱的经济效益远高于小麦，受经济利益驱使，农民往往忽视小麦管理，而大葱生产中则存在有机肥施用不当、化肥施用过量及养分配比不合理等诸多问题。调查发现，章丘大葱生产中氮肥（N）用量高达 600 千克/公顷，而吸收养分带走的氮素仅为 107～180 千克/公顷，远低于施肥量；氮肥（N）、磷肥（P_2O_5）和钾肥（K_2O）养分投入比例为 1：0.48：0.36，而其养分吸收比例为 1：（0.33～0.36）：（0.69～0.80），氮肥、磷肥投入比例偏大，钾肥偏小，易造成地下水硝酸盐污染。

　　该技术通过大葱前茬小麦机械化收获秸秆粉碎还田增碳，实现秸秆资源化和肥料化利用；并通过大葱季增施腐熟有机肥或商品有机肥，以增加土壤固碳、促进养分循环、提高土壤肥力。养分资源管理方面，综合考虑作物不同生育阶段需肥规律，综合考虑环境（灌溉和降水）养分带入量，并通过土壤养分的实时监测，严格控制肥料用量，并在两季作物上合理分配，从而避免生产中遇到上述问题。该技术的应用可以实现菜田土壤固碳减排和作物增产增效的双赢。

　　该技术在有"中国大葱之乡"之称的山东章丘进行了推广应用，累积应用面积 2 万亩左右，占章丘大葱/冬小麦总种植面积的 20%。该技术的应用可以实现：①节本，氮肥减施 33%，磷肥减施 40%，总节肥 22%，肥料投入成本每公顷节约 1 120 元。②增产，大葱季平均增产 7 800 千克/公顷，冬小麦季平均增产 280 千克/公顷左右，两季平均增产率达 10%左右。③增收，农民常规技术每公顷年均收益 6.8 万元，该技术模式 7.9 万元，年均增收 16%。④增效，该技术模式下 N_2O 减排 24.4%，0～20 厘米土层固碳 2.26 吨/公顷，总氮淋失率降低 19.4%。

大葱属耐寒性蔬菜，在－20℃左右都能生长，对土壤的适应性较强，生长后期需水量大。因此，本技术适用于具有灌水条件、排水好、土壤肥沃的地块，大葱亩产 3 500 千克、冬小麦亩产 400 千克以上的地区应用，其他地区可参考使用。

一、技术操作流程与基本要求

（一）品种选用和种子处理

葱苗选用当地常用品种，章丘代表品种为大梧桐、气煞风和二九系（前两者的自然杂交体），秧苗以高 35～40 厘米、茎粗 1.0～1.5 厘米为宜。冬小麦选用单株生产力高及抗倒伏、抗病和抗逆性强的冬性或半冬性品种，如济麦 17、济麦 22 等品种。播种前种子进行精选，并采用杀虫剂、杀菌剂及生长调节物质包衣或药剂拌种，保证苗齐、苗壮，预防土传、种传病害及地下害虫。

（二）整地

大葱前茬小麦机械收获时秸秆就地粉碎均匀，还田秸秆长度小于 5 厘米，及时进行土壤翻耕，耕深 20～40 厘米，耙平。大葱定植前，每隔 80～85 厘米开沟，沟深可达 20～30 厘米，沟底宽 25 厘米（图 1-17）。栽植沟宜南北向，使受光均匀，并可减轻秋冬季节的北向强风造成大葱倒伏的程度。

图1-17 整 地

（三）大葱移栽及冬小麦播种

6月中上旬麦收后可移栽大葱，最迟于6月下旬完成，以早定植为好。栽植过晚葱白形成期短，产量低，而且秧苗栽后天气炎热，不易缓苗。一般选用水栽法，具体方法是葱沟中先灌水，待水下渗后，用葱插子分叉头抵住葱根须，将葱苗直插下去，叶面应与沟向平行，株距3~5厘米，每亩栽苗1.8万~2.2万株，栽植深度要上齐下不齐，葱苗心叶距地面8厘米左右（图1-18）。

大葱定植 　　　　　撒播麦种 　　　　　耙土盖种

图1-18 大葱定植和套作冬小麦

冬小麦播种期为 10 月上旬，最适播期 10 月 5 日至 15 日，在两行葱间撒播并用犁耙覆土。或者采用小型人工播种器将肥料和种子同时播下，亩播种量 15～20 千克。

(四) 肥料运筹

大葱定植前，结合整地增施充分腐熟的鸡粪 30 000 千克/公顷或商品有机肥 3 000 千克/公顷。大葱/冬小麦周年氮肥（N）投入量为 380～465 千克/公顷，磷肥（P_2O_5）用量为 180～255 千克/公顷，钾肥（K_2O）用量为 285～390 千克/公顷。劳动力充足的条件下可以应用优化施肥技术，否则可以选用氮肥缓控释技术和氮肥增效技术。大葱为喜硫忌氯作物，适宜的钾肥品种是硫酸钾；6—8 月正值雨季，为防止氮素流失，适宜的速效氮肥品种为硫酸铵，后期可选用尿素；磷肥可选用重过磷酸钙或过磷酸钙。也可选用复合肥，应选用硫基通用型或专用型，基肥不宜施用高氮复合肥。

1. 优化施肥技术　两季作物应合理分配化肥用量，①氮肥：大葱季占 70%，其中基施占 8%，在 8 月上旬、8 月下旬、9 月上中旬和 10 月上旬进行 4 次追肥，分别约占 8%、13%、36% 和 35%。冬小麦季占 30%，基追比为（3～5）：（5～7）。②磷肥：大葱季占 70%，其中基肥占 50%～60%，第一次追肥时施入 40%～50%。冬小麦季占 30%，基肥一次施用。③钾肥：大葱季占 75%，1 次基肥 4 次追肥，每次用量 20%。冬小麦季占 25%，基追比为 1:1，具体施肥管理如下：

(1) 大葱。①基肥：氮肥（N）用量为 15～30 千克/公顷，磷肥（P_2O_5）用量为 60～90 千克/公顷，钾肥（K_2O）用量为 45～60 千克/公顷，施肥后用耙搂平沟底及沟背，注意使土壤与肥料充分混合。②第一次追肥：8 月上旬立秋前后进行追肥，氮肥（N）用量为 15～30 千克/公顷，磷肥（P_2O_5）用量为 60～90

千克/公顷，钾肥（K₂O）用量为45～60 千克/公顷。该阶段是缓苗越夏阶段，正是炎夏多雨季节，要注意雨后排水。③第二次追肥：葱白生长初期，炎夏刚过，天气转凉，葱株生长逐渐加快。8月下旬进行追肥，氮肥（N）用量为 30～45 千克/公顷，钾肥（K₂O）用量为 45～60 千克/公顷，撒施在垄背上，中耕混匀。④第三次追肥：葱白生长盛期，是大葱产量形成的最快时期，葱株迅速长高，葱白加粗，需要大量水分和养分。9月中上旬进行追肥，氮肥（N）用量为75～105 千克/公顷，钾肥(K₂O)用量为 45～60 千克/公顷，施于葱行两侧。⑤第四次追肥：10月上旬进行追肥，氮肥（N）用量为 90～105 千克/公顷，钾肥（K₂O）用量为45～60 千克/公顷，施于葱行两侧。

（2）冬小麦。①基肥：播种前将氮肥（N）36～60 千克/公顷、磷肥（P₂O₅）65～80 千克/公顷、钾肥（K₂O）35～48 千克/公顷均匀撒在葱行间，用犁耙将肥料与土壤混匀，可与大葱第四次追肥一起施用。②追肥：在翌年 4 月上旬，即冬小麦拔节期追施氮肥（N）60～84 千克/公顷和钾肥（K₂O）35～48千克/公顷，撒施后灌水。

2. 氮肥缓控释技术 应用氮肥缓控释技术仅在大葱定植、大葱缓苗和冬小麦播种时进行 3 次施肥，较农民常规生产减少 2次施肥，可节省劳动力成本 40%。

化肥分别在 6 月、8 月中上旬及 10 月上旬施入，缓控释氮肥施用比例为 14%：42%：44%，磷肥施入比例 40%：27%：33%，钾肥施入比例为 22.5%：37.5%：40.0%，施肥方式同优化施肥技术，具体施肥量如下：①6 月施基肥：缓控释氮肥（N）（氮素释放期 3～4 个月）用量为 53～65 千克/公顷，磷肥（P₂O₅）用量为 72～102 千克/公顷，钾肥（K₂O）用量为 64～88 千克/公顷。②第一次追肥：8 月中上旬，施用缓控释氮肥

（N）（氮素释放期 3～4 个月）159～195 千克/公顷、磷肥（P_2O_5）48～69 千克/公顷、钾肥（K_2O）106～146 千克/公顷。③第二次追肥：10 月上旬结合小麦播种，施用缓控释氮肥（N）（氮素释放期 5～7 个月）167～205 千克/公顷、磷肥（P_2O_5）59～84 千克/公顷、钾肥（K_2O）114～156 千克/公顷。

　　3. 氮肥增效技术　化肥用量两季作物合理分配，①氮肥：大葱季占 70%，其中基施占 10%，在 8 月上旬、9 月中上旬和 10 月上旬进行 3 次追肥，分别约占 25%、30% 和 35%。冬小麦季占 30%，基追比为（3～5）：（7～5）。②磷肥：大葱季占 70%，其中基肥占 50%～60%，第一次追肥时施入 40%～50%。冬小麦季占 30%，基肥一次施用。③钾肥：大葱季占 75%，1 次基肥 3 次追肥，每次用量分别占 20%、30%、30% 和 20%。冬小麦季占 25%，基追比为 4:6，施肥方式同优化施肥技术，每次施肥时，混合施用 2%（占氮肥含量）二氰二氨，具体施肥量如下：

　　(1) 大葱。 ①基肥：氮肥（N）用量为 26～33 千克/公顷，磷肥（P_2O_5）用量为 72～102 千克/公顷，钾肥（K_2O）用量为 42～59 千克/公顷，二氰二氨用量为 0.5～0.7 千克/公顷。②第一次追肥：8 月上旬立秋前后进行追肥，氮肥（N）用量为 66～81 千克/公顷，磷肥（P_2O_5）用量为 48～69 千克/公顷，钾肥（K_2O）用量为 64～88 千克/公顷，二氰二氨用量为 1.3～1.6 千克/公顷。③第二次追肥：9 月中上旬进行追肥，氮肥（N）用量为 79～98 千克/公顷，钾肥（K_2O）用量为 64～88 千克/公顷，二氰二氨用量为 1.6～2.0 千克/公顷。④第三次追肥：10 月上旬进行追肥，氮肥（N）用量为 93～114 千克/公顷，钾肥（K_2O）用量为 42～59 千克/公顷，二氰二氨用量为 1.9～2.3 千克/公顷。

　　(2) 冬小麦。 ①基肥：氮肥（N）用量为 45～56 千克/公顷、磷肥（P_2O_5）用量为 59～84 千克/公顷、钾肥（K_2O）用量为28～39 千克/公顷，二氰二氨用量为 0.9～1.1 千克/公顷。
②追肥：在翌年4月上旬，即小麦拔节期追施氮肥（N）68～84
千克/公顷、钾肥（K₂O）42～59 千克/公顷，二氰二氨用量为
1.4～1.7 千克/公顷。

（五）田间管理

1. 大葱

（1）培土。 大葱季培土4次。第一次培土是在生长盛期之
前，约及沟深度的1/2；第二次培土是在生长盛期开始以后，培
土至与地面相平；第三次培土成浅垄；第四次培土成高垄。每次
培土以不埋没葱心（即叶片与叶鞘连接的地方）为度，每次培土
与施肥相结合（图1-19）。

图1-19　大葱培土

（2）灌水。 大葱每次追肥后都要进行灌水，特别是秋分后，
大葱需水最多，每4～6 天灌水1次，要均匀灌透；霜降后气温降
低，需水量减少，保持土壤湿润即可；收获前5～7 天停止灌水。

2. 冬小麦

(1) 冬前管理。在 11 月底至 12 月初，日平均气温为 3～5℃，夜冻昼消时灌 1 次冬前水，灌水量控制在 40～50 米³/亩。降水充足且土壤墒情较好的地块可不灌冬前水。

(2) 春季管理。重视挑旗和扬花水，根据灌浆期气候状况、麦田墒情确定是否灌灌浆水，每次灌水量控制在 40～50 米³/亩。

(六) 收获及储存

1. 大葱

(1) 收获时期。进入 11 月上中旬，气温下降至 8～12 ℃，大葱地上部已停止生长，产品基本长足，在立冬前后早晨有微冻时采收。采收用长 30 厘米、宽 4 厘米的长条镢顺葱行一侧刨，刨出的葱每两垄放一铺，顺序平摊，晾干水汽，下午收集成捆。

(2) 冬季储存。采收后的大葱水分较大，在背阴处，每 3～5 捆排成 1 行，行间留 0.5 米的通道以便通风，10～15 天后解开葱捆晾晒 1～2 天，然后再将大葱捆整齐放回原处，竖直挨紧。天气寒冷时，外围可用干土埋上。遇雨、雪应用雨具盖好，以免积水腐烂，雨雪过后及时掀开雨具。

2. 冬小麦

(1) 收获时期。适宜收获期在蜡熟末期，即小麦植株茎秆全部黄色、叶片枯黄、茎秆尚有弹性，一般 6 月 5 日至 15 日收获。

(2) 储存。天晴及时晾晒，防止穗发芽和籽粒霉变，含水量低于 13% 时进仓储存。

二、减排效果及效益情况

与农民常规生产相比，3 种技术大葱季和冬小麦季分别有效减少 17.9%～34.5% 和 24.5%～32.1% 的土壤剖面氮素残留。两季综合来看,优化施肥技术效果最好,氮肥缓控释技术和氮肥增效技术相当。

与农民常规生产相比,本技术周年氮肥施用量减少 21.6%,但 3 种技术的大葱和冬小麦产量均未减产,优化施肥技术和氮肥缓控释技术应用周年产量略增产 1.9%～2.3%,冬小麦的增产率略高于大葱。

从生产成本来看,农民常规生产和 3 种技术的田间管理措施与磷钾肥用量一致,所以生产成本的差别在于氮肥成本(包含增效剂)和劳动力成本两方面。与农民常规生产相比,3 种技术的成本和收益分别如下:①优化施肥技术周年氮肥减施 21.6%,因此氮肥成本约节省 1 350 元/公顷,但由于大葱季增加了 1 次追肥,所以劳动力成本增加 1 200 元/公顷,总生产成本减少 150元/公顷。另外,技术应用周年产量增加 1.39 吨/公顷,不但能够抵消生产成本的增加,而且较农民常规生产年均经济效益增加2 300 元,产投比增加 3.3%。②氮肥缓控释技术中,尽管缓控释氮肥成本比尿素高,但由于农民常规生产中还使用了硫酸铵,其氮肥成本与优化施肥技术相当,较农民常规生产节本 1 350 元/公顷;减少了 2 次施肥,劳动力成本减少 50%,总生产成本减少 26.1%;年增收 8.5%,产投比增加 19.4%。③氮肥增效技术中,由于施用氮肥增效剂(二氰二氨),氮肥成本较优化施肥技术增加,但仍比农民常规生产每公顷节本 850 元,年收入和产投比均略有增加。与农民常规生产相比,3 种技术均能实现节本、增产和增效,尤以氮肥缓控释技术最优,优化施肥技术次之。

设施黄瓜—番茄轮作
水肥一体化技术

据统计，2015 年我国设施蔬菜种植面积达 400 万公顷，产值约 9 800 亿元，约占农业总产值的 17.9%。设施蔬菜栽培通常是高投入，造成肥料施用量（尤其是氮肥）远高于作物需求量，并且常规蔬菜栽培模式中多采取一水一肥、大水漫灌的方式，使得蔬菜地土壤氮素淋洗损失量可占氮素投入总量的 32%～77%，造成地下水硝态氮含量超标。此外，大水漫灌导致土壤含水量高，作物根系缺氧，阻碍植株的正常生长；而大棚空气湿度大，病虫害频发，进而导致农药的过量使用。因此，迫切需要改变常规的水肥管理模式，以降低水肥药投入、提高生产效益和保护生态环境。

该技术综合考虑作物不同生育阶段的需肥规律，通过对作物生育期内的施肥量、施肥比例以及灌溉施肥方式的优化，对土壤养分进行实时监测，避免生产中产生化肥施用量偏高及肥料运筹不合理导致的资源浪费、环境污染等问题，以水肥一体化的形式实现提高肥料利用率、降低生产成本、促进农民增收的目的。

该技术应用前景广阔，可以实现：①增效。该技术模式下黄瓜季的氮肥利用率提高 28.12%，氮素淋失量减少 21.81%。②节本增收。黄瓜季氮肥减施 46.67%、磷肥减施 25%，番茄季氮肥减施 60%，黄瓜—番茄季纯收入增加 13.08 万元/公顷。

黄瓜—番茄轮作的种植模式在设施蔬菜种植中的应用相当普

遍。本技术适用于黄淮海平原的设施黄瓜—番茄轮作种植区域，可避免连作，但前期滴灌设备的投入较大，因此更适宜在有一定经济实力的蔬菜种植区域推广应用。

一、技术操作流程与基本要求

以山东禹城为例，该区土壤类型为盐化潮土，质地为中壤。0～20厘米土层土壤pH（土：水＝1：2.5）8.10，有机质含量8.14克/千克、全氮0.56克/千克、有效磷（P_2O_5）71.11毫克/千克、速效钾（K_2O）213.5毫克/千克。其他地区可适当参照当地的土壤肥力水平和气候条件调整施肥量及作物品种等。

（一）品种选用及育苗

1. 黄瓜

（1）品种选择。首先要选择优质高产、耐低温耐弱光、抗病的黄瓜品种，其次再选瓜柄短、刺微密、皮色较好的品种。例如津优、津绿、冬冠系列的品种。

（2）育苗。常规育苗床育苗，也可购买配制好的基质，用穴盘基质育苗。

苗床准备：在1月前，大棚药剂消毒，苗床施肥，耕翻，用农膜盖好闷1周待播种。

营养土的配制：用60%土、40%有机肥混合后每立方米添加多菌灵180克、甲霜·锰锌50克，过筛后用农膜盖好闷24小时待用。

药土的配制：每平方米苗床用25%甲霜灵、50%多菌灵、50%甲基硫菌灵或五氯硝基苯5～8克混1千克土，过筛后用农膜盖好闷24小时备用。

种子消毒：首先用 55℃ 热水浸种 15～20 分钟，然后用 30℃ 温水浸种 6～8 小时。

播种：首先整好苗床，一般苗床宽 1.0～1.2 米，长度应依种子量而定，播种前一天把苗床土挖出，用辛硫磷与细土按 1∶3 混匀撒入苗床底，再把苗床土填入苗床，用脚踩实，灌透底水。待第二天早上播种前用草钩刨出。用钉耙搂平撒入营养土，再盖毒土。撒种先撒四周，再撒中间。撒种遇到丛籽应挑开，然后盖毒土，再盖营养土，营养土盖得深浅一致，一般为 1.5 厘米（过浅容易带帽出土），然后用铁锹拍平，四周撒好鼠药，盖好小棚。

播种后管理：播种后棚内温度应掌握在 32℃ 左右，一般播后 3 天有 1/3 出苗；当出苗率达 70% 时温度下降至 18～22℃，为防止高温窜苗可将地膜抽出，5 天即可出齐苗。齐苗后温度应控制在 22～25℃，白天最高不超过 28℃，晚上不超过 14℃。苗期根据墒情适当灌水。为防病害发生，每隔 4～5 天喷 1 次百菌清 600 倍液。嫁接利用的黑籽南瓜播种一般比黄瓜晚播 5～6 天，也就是待黄瓜出齐苗后再播南瓜，原则是：让黄瓜苗等南瓜苗，不能让南瓜苗等黄瓜苗，否则成活率会降低。南瓜播种后覆土 2 厘米，铺盖地膜。注意南瓜种应尽量密播，然后插上小拱棚。温度应在 32℃，苗出齐后撤去地膜、小拱棚，并喷洒 400 倍甲基硫菌灵药液预防病害。

（3）嫁接和嫁接后管理。

嫁接：一般南瓜苗高 8～9 厘米真叶初露、黄瓜在第一片真叶刚展开时为嫁接最佳时期。采用靠接法，嫁接时先将两种苗从苗床陆续取出，运到嫁接台，以南瓜苗做砧木。首先用嫁接刀片除去南瓜心芽，然后从叶片下 1 厘米自上而下呈 45°角下刀，斜割茎粗 2/3 深，放在左手心中；再取黄瓜苗从子叶下 1.5 厘米处自下而上呈 45°角下刀，斜割茎粗 2/3 深；然后将切口对好，黄瓜苗在里，南瓜苗在外，夹好嫁接夹即可。为防止病菌侵入，嫁接前1天，对黄瓜苗喷洒1次防病药液。

嫁接后管理：提高育苗质量，灵活掌握苗情变化。将嫁接好的苗按10厘米×10厘米的株行距移栽在配制好的苗床土上，边栽边灌透水，注意不要把水灌到接口上。移栽时嫁接夹朝一个方向，便于后期黄瓜断根。盖土要适宜，离嫁接夹2厘米，避免黄瓜发生不定根。边栽边搭小拱棚、扣薄膜，移栽5天内拱棚内温度应保持在28～30℃、空气湿度95％以上，有利于刀口愈合。白天用揭盖草帘调节棚内光照度。10天后进入常规育苗管理。嫁接后12～13天，在嫁接口的下方，将黄瓜下胚轴捏伤，破坏输导组织；间隔3～4天，再从接口下方把黄瓜下胚轴割断。断根后要灵活掌握苗情变化，用拉放草帘来调节棚内光照度和温度，提高成活率。如果发现砧木发生新芽要随时除去，以免黄瓜影响正常生长。另外，还应加强苗床管理，及时灌水，喷药防止黄瓜病虫害发生。

2. 番茄

(1) 品种选择。 一般栽培最好选择无限生长、早熟丰产品种。无限生长型开花结果期长，供应期也长，总产量高。如武昌大红、粤农2号、弗洛雷德、满丝、玛娜佩尔、强力米寿、浙杂5号、苏抗7号、双抗2号、中蔬6号、中杂4号、浦红8号、洪抗1号、红牡丹、毛粉802等。

(2) 育苗。

育苗前种子消毒：防治番茄叶霉病、斑枯病、早疫病、溃疡病等病害宜选用温汤浸种的方法，即把种子放在55℃的热水中，边搅拌边浸种15分钟；之后在30℃的温水中浸泡4～5小时后捞出，在30℃环境中催芽。防治病毒病，可选用10％磷酸三钠溶液浸种20分钟后用清水洗净催芽。

苗床土消毒：在播前床土灌透水后，用72.2%霜霉威盐酸盐水剂500～600倍液喷洒苗床，每平方米喷洒2～4千克。或用多菌灵消毒，每1 000千克床土用50%多菌灵可湿性粉剂25～30克。处理时，先把多菌灵配成水溶液，接着喷洒在床土上，拌匀后用塑料薄膜严密覆盖，一般经2～3天即可杀死土壤中枯萎病等的多种病原菌。

早施基肥：营养土配制时施入的肥料充足，整个苗期可不用施肥。如果发现幼苗叶片颜色变淡，出现缺肥症状时，可喷施少许质量有保证的磷酸二氢钾500倍液。

温度调控得当：齐苗后，苗床的温度切忌偏高，以便幼苗生长健壮，增强抗寒力、抗病力。2叶1心期切忌苗床保温措施跟不上，若温度持续偏低，会使花芽分化受阻，早春落花落果严重，影响早期产量；晴天中午，苗床温度很容易偏高，此时切忌揭苫大通风，以防幼苗由于温差过大，失水过多而发生萎蔫或死亡。

灌溉：苗期一般不需灌水，必须灌水时，要选择晴天中午，灌水要用温水。切忌灌水过量，以防造成苗床过大，导致烂眼、僵苗和病害滋生。施药后为防止苗床湿度过大，可撒草木灰或细干土吸湿。

光照：要增加光照，经常保持覆盖物的清洁，草帘尽量早揭晚盖。阴天也要正常揭盖草帘，尽量增加光照时间。

病虫害预防：苗期易发生立枯病、猝倒病等。发病初期，先拔除病苗，然后及时喷药保护，防止蔓延。

（二）肥料运筹及整地

黄瓜—番茄轮作周年有机肥投入量为18吨/公顷，氮肥（N）用量为660千克/公顷，磷肥（P_2O_5）用量为450千克/公顷，钾肥（K₂O）用量为990千克/公顷。化肥用量两季作物合理分配，①氮肥：黄瓜季占54.54%，其中基肥占45.64%，追肥占54.36%。番茄季占45.46%，其中基肥占75%，追肥占25%。②磷肥：黄瓜季占51.22%，其中基肥占65.22%。番茄季占48.78%，基肥一次施用。③钾肥：黄瓜季占45.45%，基追比为1∶1。番茄季占54.55%，基追比为2.5∶1。具体生产管理如下：

（1）黄瓜季。起垄前均匀撒施有机肥9吨/公顷、复合肥（15-15-15）1 000千克/公顷、硫酸钾150千克/公顷（图1-20），而后进行土壤翻耕，耕深20厘米，耙平后，南北向做畦，畦宽70～80厘米。追肥总量氮肥（N）、磷肥（P₂O₅）、钾肥（K₂O）分别为210千克/公顷、80千克/公顷、225千克/公顷，具体施肥量如下：①第一次追肥：8月下旬追施尿素41.08千克/公顷、磷酸一铵45.2千克/公顷、硫酸钾28千克/公顷，此时黄瓜处于抽蔓期，主攻营养生长，促进枝叶发育。②第二次追肥：9月中上旬追施尿素52.25千克/公顷、磷酸一铵25千克/公顷、硫酸钾46千克/公顷，此时黄瓜处于开花坐果期，应注意调节营养生长和生殖生长，黄瓜坐稳果后方可追肥。③第三次追肥：9月下旬追施尿素66.30千克/公顷、磷酸一铵50千克/公顷、硫酸钾36千克/公顷。④第四次追肥：此时黄瓜基本处于盛果期，对氮肥和钾肥的需求量增加，10月上旬追施尿素73.48千克/公顷、磷酸一铵20千克/公顷、硫酸钾55千克/公顷。⑤第五次追肥：10月中旬追施尿素74.67千克/公顷、磷酸一铵15千克/公顷、硫酸钾67千克/公顷。⑥第六次追肥：10月下旬追施尿素43.37千克/公顷、磷酸一铵15千克/公顷、硫酸钾40千克/公顷。⑦第七次追肥：11月上旬追施尿素47.27千克/公顷、硫酸钾30千克/公顷。⑧第八次追肥：11月中旬追施尿素17.61千克/公顷、硫酸钾 22 千克/公顷。追肥全部所用的氮（N）、磷（P_2O_5）、钾（K_2O）养分分别为 210 千克/公顷、80 千克/公顷、225 千克/公顷。

图 1-20　黄瓜季起垄前施有机肥

（2）番茄季。起垄前均匀撒施有机肥 9 吨/公顷，基肥施用 50％氮肥、100％磷肥、42％钾肥（即尿素 326.09 千克/公顷、重过磷酸钙 478.30 千克/公顷、硫酸钾 453 千克/公顷），而后进行土壤翻耕，耕深 20 厘米，耙平后，南北向做畦，畦宽 70～80 厘米。追肥总量氮肥（N）、钾肥（K_2O）分别为 150 千克/公顷、315 千克/公顷，具体施肥量如下：①第一次追肥：1 月下旬追施尿素 40 千克/公顷、硫酸钾 98 千克/公顷，此时番茄根系较弱，追肥后应适当灌溉清水，防止烧苗。②第二次追肥：2 月上旬追施尿素 40 千克/公顷、硫酸钾 98 千克/公顷。③第三次追肥：2 月中旬追施尿素 80 千克/公顷、硫酸钾 126 千克/公顷，此时番茄处于开花坐果期，需肥量逐渐增加，但应注意协调营养生长和生殖生长，进行打杈除叶等操作。④第四次追肥：3 月初追施尿素 80 千克/公顷、硫酸钾 126 千克/公顷。⑤第五次追肥：3 月下旬追施尿素 46 千克/公顷、硫酸钾 98 千克/公顷。⑥第六次追肥：4 月中下旬追施尿素 40 千克/公顷、硫酸钾 84 千克/公顷，此阶段处于结果期的后期，作物产量有所降低，应减少施肥量以免造成浪费。

（三）定植及灌溉

1. 定植

（1）黄瓜。 前茬番茄拉秧后，闷棚1月左右，于8月初进行移栽。根据多年的实践经验得出，当黄瓜苗长至3叶1心时为最佳定植期。定植时让黄瓜第一片真叶朝向阳光一面。株距30～40厘米，每亩栽苗3 000株左右。栽时灌足缓苗水。栽后5天内棚内温度应保持在28～30℃，最高不超过32℃，缓苗后进入常规管理（图1-21）。

图 1-21　黄瓜定植

（2）番茄。 黄瓜拉秧后，施基肥后翻地起垄。番茄幼苗长至8～10片叶、第一花序刚刚显露时方可定植。株距30～40厘米，每亩栽苗3 000株左右（图1-22）。定植时要依据花序着生方向，实行定向栽苗。

2. 灌溉　灌溉采用滴灌方式（图1-22），灌溉频率保持在7～10天1次，黄瓜季每次灌溉用水量15～30毫米，番茄季每次灌溉用水量20～30毫米。

图 1-22　番茄定植与滴灌

（四）田间管理

1. 黄瓜季

（1）温度管理。 晴天上午温度保持在 30 ℃左右，午后降至 20～25 ℃；夜间前半夜保持在 16～17 ℃，后半夜为 11～13 ℃。一般用通风来调节温度，大棚主要以自然通风为主（图 1-23）。

图 1-23　黄瓜通风

（2）黄瓜落蔓要领。 在植株生长点接近棚顶、植株底部无叶茎蔓离地面 30 厘米以上的时候及时落蔓，落蔓宜选择晴暖午后进行，这样不易损伤茎蔓。切记不要在含水量高的早晨、上午或灌水后落蔓，以免损伤茎蔓，影响植株正常生长。②落蔓前7天最好不要灌水，这样有利于降低茎蔓组织的含水量，增强柔韧性，还可以减少病源。③先去除病、老叶，带至棚外烧毁，避免落蔓后靠近地面的果实、叶片因潮湿的环境发病。④将缠绕在茎蔓上的吊绳松下，顺势把茎蔓落于地面，切忌硬拉硬拽，茎蔓要有秩序地向同一方向逐步盘绕于栽培垄的两侧。盘绕茎蔓时，要顺茎蔓的弯向把茎蔓打弯，不要硬打弯或反方向打弯，避免扭裂或反方向折断茎蔓。开始落蔓的时候，茎蔓较细，间隔时间短，绕圈小；茎蔓长粗后，落蔓时间间隔稍长，绕圈大，可一次性落茎蔓长的 1/4～1/3。⑤保持有叶茎蔓距垄面 13 厘米左右，每株保持功能叶在 20 片以上。在雌花较多的情况下，6～8 节以下侧枝早期应及时摘除，以便减少养分消耗。主蔓长至 25～30 片真叶后进行掐尖，掐尖后适当增施氮、磷、钾肥。

(3) 病虫害防治。①霜霉病。发病初期，可喷 75％百菌清可湿性粉剂 500 倍液＋甲基硫菌灵 500 倍液，或 64％噁霜·锰锌可湿性粉剂 600 倍液。发病中期，用霜脲·锰锌、烯酰吗啉＋代森联杀菌剂混合液或烯酰吗啉＋代森锰锌混合液，用量见产品说明。喷药时应正反两面均匀喷洒。发病后期，将病叶全部摘除，采用高温闷棚法防治。②细菌性角斑病。发病初期喷硫酸链霉素·土霉素 5 000 倍液、77％氢氧化铜可湿性粉剂 400 倍液、47％春雷·王铜可湿性粉剂 600～800 倍液、70％琥铜·甲霜灵可湿性粉剂 600 倍液，以上药剂可交替使用，每隔 7～10 天喷 1 次，连续喷 3～4 次。③斑潜蝇。采用灭蝇纸诱杀成虫，在成虫始盛期至盛末期，每公顷设置 225 个诱杀点，每个点放置 1 张诱蝇纸诱杀成虫，3～4 天更换 1 次。在受害作物某叶片有幼虫 5 头时，在幼虫 2 龄前，于 8～11 时露水干后幼虫开始到叶面活

动，或者幼虫从虫道中钻出时开始喷洒 25％阿维·杀虫单乳油
1 500 倍液、1.8％阿维菌素乳油 3 000 倍液、5％顺式氰戊菊酯乳
油 2 000 倍液、25％杀虫双水剂 500 倍液、98％杀虫单可溶性粉
剂 800 倍液、1％增效阿维菌素 2 000 倍液、1.5％阿维菌素乳油
3 000 倍液、20％吡虫啉可溶液剂 4 000 倍液、5％氟啶脲乳油
2 000 倍液、36％阿维菌素乳油 1 000～1 500 倍液和 5％氟虫脲乳
油 2 000 倍液等其中一种即可防治。防治时间掌握在成虫羽化高
峰期 8～12 时效果最好。此外，还可选用生物防治法，如释放姬
小蜂等寄生蜂，效果较好。

2. 番茄季

（1）温度管理。定植初期以防寒保温为主，如遇寒潮，可采
用大棚内加小拱棚等措施防寒。番茄幼苗成活后，棚内温度白天
保持在 25～28℃，不超过 30℃，夜间保持在 13℃以上，同时适
量通风排湿。随着温度回升，逐渐延长通风时间，温度过高时可
以揭开棚膜加大通风量。

（2）植株调整。番茄整枝多采用单干，只保留一个主枝结
果，其余侧枝全部去除；植株 30 厘米高时需吊绳。

（3）打杈。打杈即打掉多余的侧枝，打杈要及早开始、经常
进行。

（4）疏花疏果。在每台花坐稳果后，及时将畸形果、畸形花
及长势差的小果去掉，每台留 3～5 个果实，保证果实有较好的
商品性。

（5）去老叶。番茄生长中后期，要去掉植株下部的老叶、黄
叶，这样既可减少养分的消耗，又可减少病虫的感染传播。

（6）稳花稳果。早春大棚番茄的 1～2 台花在花期时用 25～
50 微升/升防落素喷施花器，或用 15～20 微升/升 2, 4-滴，用
毛笔涂抹于花的柱头上以稳花，提高坐果率。注意药液浓度不能

高，不能洒在叶上，不能重复涂抹喷花。

（7）病虫害防治。番茄的主要病害有番茄苗期的猝倒病、立枯病和灰霉病，番茄的早、晚疫病，主要害虫是蚜虫。可用代森铵、硫菌灵、多菌灵1 000倍液或噁霜·锰锌600倍液，也可用铜铵合剂500～700倍液、70%甲呋酰胺＋代森锰锌可湿性粉剂500～700倍液、噁霜灵粉剂3 000～4 000倍液防治病毒病、猝倒病和立枯病；用腐霉利1 500倍液或2 000倍液或异菌脲1 000倍液防治灰霉病。一般7～10天喷1次，连续喷2～3次药剂，不同药剂可以交替使用。可用47%春雷·王铜可湿性粉剂800倍液防治早、晚疫病，70%甲呋酰胺＋代森锰锌可湿性粉剂500～700倍液防治晚疫病，病毒病还可用5%烷醇·硫酸铜水剂300倍液、菌毒清200～500倍液防治。每亩可用10%吡虫啉可湿性粉剂10克、5%吡虫啉20毫升、菊酯类农药2 000～3 000倍液防治蚜虫。

（五）采收

（1）黄瓜。夏秋季黄瓜从定植至初收约35天。开花10天左右可采收，以黄瓜皮色从暗绿变为鲜绿有光泽、花瓣不脱落时采收为佳（图1-24）。头瓜要早收，以免影响后续瓜的生长，甚至妨碍植株生长，形成畸形瓜和造成植株早衰，从而影响产量。

（2）番茄。番茄成熟有绿熟、变色、成熟、完熟4个时期。储存保鲜可在绿熟期采收，运输出售可在变色期（果实的1/3变红）采摘，就地出售或自食应在成熟期即果实1/3以上变红时采摘。采收时应轻摘轻放，摘时最好不带果蒂，以防装运中果实相互刺伤。春季大棚春番茄在果实充分长大、果顶发白后采收，在室内放置1～2天果实转红后可以上市。

图 1-24　黄瓜与番茄采收

二、减排效果及效益情况

黄瓜季防控技术处理的淋溶水量、氮磷淋失量均与常规处理无显著差异。

黄瓜整个生育期内，水肥一体化技术处理的总氮淋失量随黄瓜生育期的延长而下降，但在黄瓜生育中期出现了一个淋失高峰，达 34.05 千克/公顷。与常规处理相比，水肥一体化技术对氮淋失的减排效果主要体现在黄瓜生育前期和后期。

水肥一体化技术处理的总磷淋失量在黄瓜生育前期出现了一个峰值，达 2.18 千克/公顷，这导致黄瓜整个生育期的总磷累积淋失量高于常规处理。

水肥一体化技术适用于高强度利用、高化学品投入引起的面源污染严重的设施菜地，对面源污染物总氮的减排、环境风险的降低和生产影响的效果相对较好，对经济效益的提高有比较明显的效果。

黄瓜季水肥一体化技术模式下的产量及吸氮量较常规技术无显著差异；但水肥一体化技术处理的番茄季产量显著高于常规技术处理，达81.51吨/公顷。在黄瓜—番茄轮作周期内，总增产率达43.72%。

水肥一体化技术能够在保证蔬菜品质的前提下，实现蔬菜的稳产增产。

黄瓜季的常规技术处理和水肥一体化技术处理的田间管理及钾肥的施用量一致，因此生产成本的差别在于灌溉成本和氮磷肥施用；而番茄季的成本差异则主要在于灌溉成本和氮肥用量。目前，滴灌设备的生产技术及市场监管存在一定的问题，造成滴灌设备质量不稳定，使用寿命相对较短，所以试验点每季均需投入1万元/公顷的滴灌设备成本。常规技术处理黄瓜和番茄季纯收入为7.72万元/公顷，水肥一体化技术处理收入为13.08万元/公顷，能为农民增收提供保证。

第二篇

养殖业面源污染防控技术

生猪养殖粪污异位发酵床
处理与资源化技术

异位发酵床处理猪场粪污是一项集粪污减量化、无害化和资源化为一体的综合技术。采用这项技术,可以克服发酵床(舍内)养猪存在的一些不足;具有占地面积小、投资较少、运行成本低和无臭味等优点;猪场无须设置排污口,可实现粪污零排放;粪污经发酵处理后可全部转化为固态有机肥原料,实现变废为宝。

本技术适用于存栏量3 000头以上的规模化猪场,具备漏缝地板排污系统、自动刮粪或机械清粪设备或水泡粪等清粪设施,适用异位发酵床处理。

一、技术操作流程与基本要求

(一)异位发酵床建筑设计说明

异位发酵床建筑设计如图2-1所示。

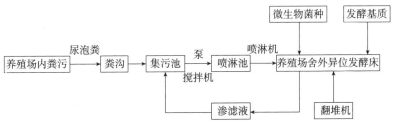

图 2-1 异位发酵床处理猪场粪污技术

1. **室外发酵舍** 建筑面积根据地形和消纳量确定，建筑层数1层，采用轻钢结构。该建筑东西走向，主体建筑面积由地形和日处理量确定。屋面结构：屋面采用角铁三角桁架，沿发酵舍纵向屋架间设5道支撑以保证屋架平面外的稳定性。屋架上铺设阳光板，墙面左右里铺普通彩板。内设发酵池（槽）与喷淋池。脊高5.5米，檐高4.5米，墙高1.8米，配套卷帘布、铝合金推拉窗、铝合金卷帘门。

2. **发酵池**（槽） 发酵池（槽）为微生物发酵处理粪污的场所，位于室外发酵舍内，纵向布局。以每立方米发酵基质每日消纳粪污30千克计算，设计单体发酵池（槽）建筑面积长度由地形和日处理量确定，宽4米，采用砖混结构。发酵池（槽）墙体厚240毫米，高1.8米，以1:3水泥砂浆砌筑，1:2水泥砂浆抹浆光面2厘米厚。顶端设污水循环池，用于收集发酵基质中多余的渗滤液，定时抽取返还至集污池后再进入喷淋池，继续进行发酵处理。

3. **喷淋池** 喷淋池用于存储待进行发酵处理的粪污，位于室外发酵舍内发酵池（槽）中央部位，与发酵池（槽）相同走向，左右为发酵池（槽）。单体建筑面积长度由地形和日处理量确定，宽2米，墙体高1.8米，池体内外墙及池底均用防水砂浆抹面2.5厘米厚，分3次抹面施工，防水剂比例根据使用说明掺入。

（二）异位发酵基质的制作

在微生物异位发酵综合技术中，发酵基质的主要功能有两个：一是吸附猪场粪污。发酵基质由有较大比表面积和孔隙度的有机物料组成，具有很强的吸附能力。二是为微生物分解转化粪污提供介质和部分养分。微生物能否快速生长繁殖，取决于发酵基质的制作与管理。

1. 发酵基质的原料

（1）选择原料应把握的原则。① 发酵基质要有一定惰性，不易被分解，以木质素为主的最好；② 发酵基质要粗细搭配，不能全部用细锯末，也不能全部用谷壳，既要保证透气性，又要保证吸水性；③ 发酵基质要有一定的吸水性能，如 1 千克混合发酵基质至少吸附 1 千克水而不往外淌水，这就要求细料要占有一定比例；④ 发酵基质要有一定的硬度或刚性，不至于轻易板结。

（2）常用的发酵基质原料及质量要求。①椰糠、锯末、秸秆等，要求原料新鲜，无霉变、腐烂或异味，不含毒害物质，椰糠或锯末粒径为 0.5～0.7 毫米，粉碎的秸秆长度为 2～5 厘米；②稻壳、麦壳、花生壳、棉籽壳、蘑菇渣、玉米芯等，要求原料新鲜，无霉变、腐烂或异味，不含毒害物质，麦壳、花生壳、棉籽壳、蘑菇渣、玉米芯粒径为 1～2 厘米；③机器刨花、米糠、玉米粉、麸皮等，要求原料新鲜，无霉变、酸败、结块、异味或虫蛀，不含毒害物质。

（3）原料的功能和替代。①锯末在发酵基质中的主要功能是保水，为微生物生长繁殖提供水源。锯末的主要成分是木质素，不容易被微生物分解，使用期长。可以将树枝、椰子壳等经过粉碎后替代锯末作为原料使用。②谷壳在发酵基质中的主要功能是疏松透气，为微生物生长繁殖提供氧气。谷壳的主要成分是纤维素、半纤维素和木质素，也比较不容易被分解。可用小麦壳或粉碎过的花生壳、棉籽壳、玉米芯等替代部分谷壳。③米糠的主要功能是给微生物提供营养。在米糠较少的地区，可以用玉米粉、麸皮等替代。

2. 发酵基质的制作过程

（1）发酵基质配方。推荐使用的基本材料为谷壳和锯末，比例为 4：6，米糠用量为每立方米发酵基质 3 千克。在冬季，还要准备一些新鲜粪便，增加营养，加快发酵速度，使用量为每立方米发酵基质 2 千克左右。

（2）菌剂的配制。 菌剂喷洒至发酵池（槽）内垫料表面，并混合均匀；菌剂与垫料的质量比一般为 0.1％左右，均匀掺入发酵基质中。为保证混匀效果，可先用少量发酵基质原料将菌剂稀释，再混入大量发酵基质中。

（3）发酵基质混合。 将锯末和谷壳混合铺设于发酵池（槽）中至使用高度（1.2～1.5 米），加入菌剂与水，利用翻抛机翻耙至均匀，湿度控制在 50％左右。简单的判断方法：抓一把搅拌好的发酵基质，用力握紧，如果有水从指缝间渗出，说明湿度过大，需添加干的发酵基质；如果没有水渗出，松开后，发酵基质不结成团，能松散落下，说明湿度比较合适。

（4）发酵基质的堆放。 发酵基质和微生物菌种混合搅拌均匀后，堆放于发酵池（槽）中，在冬季可覆盖麻袋、塑料布等进行保温，加快发酵速度。

（5）温度的检测。 每天测量发酵基质内部的温度，通常发酵池（槽）表面以下 35 厘米处的温度应上升至 45℃左右，以后温度便逐渐上升，48 小时后应达到 60℃以上，在此温度下保持 24 小时。此时，发酵池（槽）制作完成，可再次喷淋粪污进行发酵处理。

检测：在发酵池（槽）水平方向间隔 2 米左右设置一个检测点，测定 35 厘米深度的发酵基质温度，每个点的温度基本一致，并在 60℃以上持续 24 小时，说明本次发酵成功。

（三）异位发酵环保系统日常管理

1. 粪污的喷淋 猪场粪污暂存在喷淋池中，通过喷淋机均匀喷洒在发酵池（槽）的发酵基质上。喷淋频率为每2～3天1次，喷淋量控制在每立方米发酵基质30升粪污。

2. 发酵基质的翻抛 粪污喷淋8～10小时，完全渗入发酵基质后，开动翻抛机对发酵基质进行翻耙，使粪污与发酵基质混合均匀，同时为发酵基质内的微生物生长提供充足的氧气。

3. 发酵基质湿度控制 发酵基质与粪污混合物的含水率应为55%～65%，湿度不足时应增加喷淋，湿度过高时应适当减少喷淋次数或添加干发酵基质。

4. 发酵基质温度控制 发酵基质与粪污混合物的发酵温度应保持在55℃以上。如果发酵温度无法达到标准，其原因可能为以下几种：

（1）湿度过高或过低。调整方法见"发酵基质混合"。

（2）翻耙不均匀。部分发酵基质板结导致发酵基质透气性不佳，调整方法为彻底翻耙发酵基质一次。

（3）外部环境温度过低。调整方法为关闭通风设备，对发酵舍进行保温。

（4）发酵基质已腐熟。调整方法为更换新发酵基质。

5. 发酵基质的补充 减少量达到10%进行补充，新旧垫料混合均匀。

6. 菌种的补充 按初始比例随发酵基质一起补充。

7. 发酵基质的更新 发酵池（槽）发酵基质的使用寿命一般为1年左右。当发酵基质达到使用期限后，应将其从发酵池（槽）中全部清出，并重新放入新的发酵基质。

（1）高温段上移，发酵池（槽）发酵基质的最高温度段由床体的中部偏下段向发酵池（槽）表面位移，即使再加大有机物含量小的发酵基质如锯末加以混合后，高温段还是在上段。

（2）发酵舍出现臭味，并逐渐加重。

（3）持水能力减弱，粪污中的水分不能通过发酵产生的高热挥发。

（四）生猪养殖场粪污微生物异位发酵节水方案

1. 漏缝地面、干清粪　漏缝地板有利于猪场的通风干燥，可以极大减少冲洗用水量。根据生猪存栏计算：漏缝地面 0.4 米²/头，母猪 4 米²/头（分娩舍），育肥猪舍的漏缝面积应占猪舍栏面的 30% 以上。

2. 雨污分流　全场雨污分流，将雨水和污水分开。雨水经过管网流入河流或被利用，杜绝雨水流入污水池，减少污水量。

3. 饮用水的控制　鸭嘴式饮水器和乳头式饮水器是最早的饮水设备。试验结果显示，每 100 升水有 70 升（70%）被浪费掉，更重要的是带来了污水处理压力。鸭嘴式饮水器，每出栏一头猪用水 5～7 吨；碗式饮水器，每出栏一头猪用水 1.3～1.5 吨；水位计式饮水器，每出栏一头猪用水只有 0.8～0.9 吨。

（五）生物腐殖酸发酵技术工艺

1. 工艺过程　生物腐殖酸（BFA）发酵技术工艺过程如图 2-2 所示。

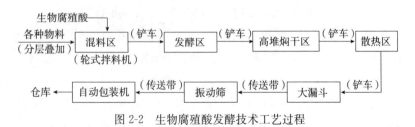

图 2-2　生物腐殖酸发酵技术工艺过程

2. 工艺流程　图 2-3、图 2-4、图 2-5、图 2-6 展示了生物腐殖酸有机肥生产工艺流程。

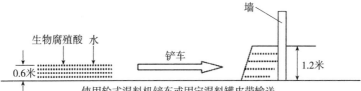

图 2-3　混料和建堆示意图

图 2-4　覆盖物使用示意图

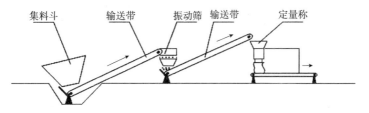

图 2-5　包装线布置图

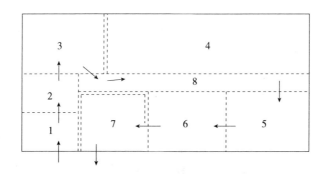

图 2-6　生物腐殖酸有机肥车间布置图

1. 原材料区　2. 混料区　3. 发酵区　4. 高堆区　5. 摊料区

6. 包装区　7. 成品仓　8. 机械通道

3. 工艺要点

（1）混料。 在地板上一层一层地铺叠所有物料，把生物腐殖酸发酵剂（按总物料的 0.5%）铺在中间层，开动轮式混料机把物料混合均匀。除了各物料合理配置外，水分的掌握至关重要，水分含量应控制在 50%～55%。轮式混料机除了混匀物料和打碎大团物料外，还能使物料在混合后达到良好的含氧量。

（2）建堆。 用铲车把混合后的物料铲去建堆，堆高 1.0～1.1 米，长宽不限。每日新建堆与前一日的料堆紧贴着，以减少散热面。

（3）适当保温。 建堆前两日是关键升温期，48 小时内堆温达到 50℃左右是发酵能继续的保障。所以在环境最低温度不足 15℃时，必须采取保温措施，一般用编织布就可以。编织布与物料之间几厘米用粗糙硬物隔开以便料堆"呼吸"。北方地区环境温度更低时，应使用双层保温，里层为厚草帘，外层为编织布。在每日建堆互相挨着的情况下，只盖最新两日所建的堆就可以。堆温能否升到 60℃以上是发酵是否正常的标志，7 天之内必须有 3 天左右堆温超过 60℃；但如果温度超过 66℃即开始产生大量 CO_2，应掀开覆盖物散热。

（4）建高堆"焖干"。 在建堆第八天可以把该堆用铲车铲到另外的"高堆区"，堆高 2.5～3.0 米。由于有余温又经 1 次铲动，物料会升温至 50～60℃。这时由于堆料互相重压，堆中含氧量少，温度不会继续上升，而堆中的微生物活动又处于较微弱状态，在相当长时间内堆温会持续在 40～50℃，这就使料堆一直处于"焖烧"。这个温度区间正是散发水分而不燃烧碳的温度，这就可以在最大限度保留有机水溶碳的情况下，达到物料干燥。配合这种工艺方法，厂房应尽量敞开，使空气流通，便于水汽散开。

（5）开堆散热。 在发酵料高堆 20～30 天后，便可以开堆散热。此时高堆中的料温在 40℃ 左右，水分含量约 35%，把物料铲到包装线前端的空地上摊开，2～3 天后随着物料中热气的散发，水分还会降几个百分点，便可以将物料铲入集料斗进入包装线。如果发酵后物料养分（$N+P_2O_5+K_2O$）含量达不到 5%，还应在此环节撒些化肥以达到 NY 525—2012 的技术指标。

(6) 过筛包装。物料从集料斗传到输送带，经振动筛筛去杂质和大团料，其他物料就从筛下被输送到包装机，包装入库。大料团不必粉碎，返回新的敞开料区或送回发酵混料即可。

生物腐殖酸有机肥与一般有机肥相比，其发酵剂除臭效果又快又好。在经轮式混料机来回一趟混料后，即使是以粪便为主的料堆也闻不到臭味。如果能做到原材料进车间马上组织混料发酵，或用辅料加以覆盖，整个车间基本闻不到臭味，没有蚊蝇。由于没有大规模的烘干和传送工序，整个车间少粉尘、低噪声，文明生产能得到保障。

二、减排效果及效益情况

生猪养殖场工程实施后污染物 COD、TN、TP 削减入河率分别为 95.90%、88.52%、94.52%。该技术可实现养殖过程与废弃物处理过程单独进行，因此对养殖过程没有直接影响。另外，要控制每头生猪每天排污量在 10 千克以内，猪粪不得外卖，必须全部进入垫料床。

该技术为养殖废弃物综合处理技术，创新点在于将作物秸秆（油菜和玉米秸秆）应用于异位发酵床填料，实现养殖污染和秸秆焚烧污染的同步解决。将作物秸秆粉碎并喷洒微生物发酵菌剂，通过控制湿度实现秸秆的预发酵。然后添加养殖废弃物，在机械翻堆条件下实现连续发酵，发酵后的填料可生产有机肥。

奶牛养殖污染沼气工程控制技术

合肥市和六安市舒城县部分区域的养殖种类主要是猪、牛、鸡，除个别大型养殖场外，基本都是中小养殖场。截至目前，合肥市共建大中型沼气工程 24 处，池容量 4.4 万米³；舒城县建设大中型沼气工程 3 处，池容量 3 000 米³。

该区域沼气工程的主要模式是能源生态型：沼气发电，沼渣作有机肥，沼液服务周边农地。安徽省提出沼气建设"三个一"模式，即一个沼气站，服务周边一片农地，生产出一个或者一批名优特农产品。该模式一方面治污明显，另一方面又提升农产品品质，走出了循环利用、生态治污的路子，不仅改善生态环境，也明显提升经济效益。

技术适用范围与条件如下：

（1）存栏量 1 000 头以上规模化奶牛场，配备自动刮粪或机械清粪设备。

（2）适用于规模化奶牛养殖场或养殖密集区，具备沼气发电上网或生物天然气进入管网条件。

（3）奶牛养殖场周边能够配套足够的农田消纳粪肥。以 1 000 头奶牛场为例，消纳年产生粪肥所需农田面积至少 2 000 亩。

一、技术操作流程与基本要求

（一）科学饲喂技术

采用培育优良品种、科学饲养、科学配料、应用无公害的绿色添加剂和高新技术改变饲料品质及物理形态（如生物制剂处理技术与饲料颗粒化、饲料热喷技术）等措施，提高奶牛饲料转化率和产奶性能，降低粪尿氮及恶臭气体的排放。

科学合理配比奶牛饲料，通过添加合成氨基酸提高饲料蛋白质含量和调节氨基酸比例，提高饲料蛋白质和其他营养成分的吸收、转化效率，减少粪便的产生量和粪尿氮排放量。

在饲料中添加微生物制剂、酶制剂和植物提取液等活性物质，提高饲料吸收、转化效率，可减少粪尿氮排放量，降低氨气等恶臭气体的排放。

（二）清粪技术

采用往复式刮板清粪机进行干清粪，清粪机由带刮粪板的滑架、传动装置、张紧机构和钢丝绳等构成，适用于暗沟排污的奶牛舍（图2-7）。粪尿通过刮粪板收集至排污暗道，最终汇入奶牛场的集粪池内。目前，巢湖流域规模化奶牛场大都采用了该类型的自动清粪设备。

图2-7　往复式刮板清粪机

（三）发酵产沼利用技术

建立大型沼气工程，采用全混式厌氧反应器（CSTR）厌氧消化工艺。以马鞍山现代牧场为例，日处理粪污量 500 吨，日产沼气 11 000 米³，除供职工炊事、洗浴使用外，大部分用于发电和供气；产生的沼液再进入地下厌氧池进行二级发酵，发酵后的出水大部分泵入液态肥库储存用于种植有机水稻，少量沼液用于养殖蚯蚓，或流入生物氧化塘经分解后回流冲洗养殖舍及注入鱼塘。该工艺适用于存栏超过 1 000 头以上的规模化奶牛养殖场，且周边区域必须配备足够的农田，能够完全消纳和利用厌氧消化后的沼渣、沼液。工艺流程见图 2-8。

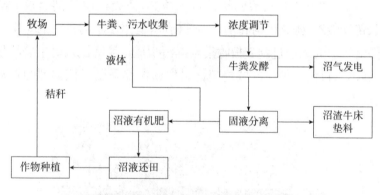

图 2-8　奶牛场污水处理和产沼工艺流程

（四）技术流程

1. 前处理

（1）沉淀。利用固定格栅在粪污汇入集粪池前拦截过滤较大杂物，栅条间距一般为 15～30 毫米。

奶牛粪污颗粒物以及消化不全的纤维较多，格栅拦截后粪污进入沉沙池进行分离。沉沙池一般设于泵站及沉淀池之前，通过控制水流速度利用重力分离。污水在沉沙池中的流速为 0.15～0.3 米/秒，而在最大流量时的停留时间不小于 30 秒，一般为 30～60 秒。池的有效水深不大于 1.2 米，一般采用 0.25～1.00 米，每格宽度一般不小于 0.6 米，超高 0.3 米。进水头部一般设有消能和整流措施。池底坡度一般为 0.01%～0.02%。储沙斗的容积一般按不超过 2 天的沉沙量考虑。

沉淀池进水区应有整流措施，入流处挡板一般高出池水水面 0.10～0.15 米，浸没深度应不小于 0.25 米，挡板距进水口 0.5～1.0 米。有效水深一般为 3.0～3.5 米，超高一般为 0.3～0.5 米。沉淀池的长宽比应不小于 4∶1，每格宽度或导流墙间距一般采用 3～9 米，最大为 15 米，水力停留时间为 1～3 小时，流速一般为 10～25 毫米/秒。

(2) 固液分离。 采用挤压螺旋式分离机，其属于较为新型的固液分离设备，结构如图 2-9 所示。粪水固液混合物从进料口被泵入挤压式螺旋分离机内，安装在筛网中的挤压螺旋以 30 转/分的转速将要脱水的原粪水向前推进，其中的干物质通过

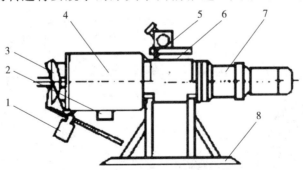

图 2-9　挤压螺旋式分离机结构

1. 配重块　2. 出水口　3. 卸料装置　4. 机体　5. 振动电机
6. 进料口　7. 传动电机及减速器　8. 支架

与机口形成的固态物质柱体相挤压而被分离出来，液体则通过筛网筛出。经处理后的固态物含水量可降到 65% 以下，再经发酵处理，掺入不同比例的氮、磷、钾，可制成高效复合有机肥。

挤压螺旋式分离机工作效率取决于原粪水的储存时间、干物质含量、原粪水的黏性等因素。奶牛粪水每小时处理量约 10 米^3。挤压螺旋式分离机的优点是效率较高，分离出的干物质含水量较低。

2. **厌氧消化** 奶牛养殖有机废弃物的厌氧消化是奶牛养殖粪污在一定的水分、温度和厌氧条件下，通过种类繁多、数量巨大且功能不同的各类微生物的分解代谢，最终形成甲烷和二氧化碳等混合性气体（沼气）的复杂的生物化学过程。微生物厌氧发酵产甲烷的过程又可分为 3 个阶段，分别是水解阶段、产氢产酸阶段和产甲烷阶段。沼气发酵罐如图 2-10 所示。

图 2-10　沼气发酵罐

（五）沼气、沼渣和沼液利用

1. 沼气利用　沼气经过脱水、脱硫后，引入纯烧沼气发动机燃烧室，燃烧后产生的膨胀气体推动活塞、连杆进行做功，进而带动三相交流发电机发电。沼气发电机组主要由以下 3 部分组成：纯烧沼气发动机、三相无刷交流发电机和自动化运行控制台。沼气发电技术的工艺流程和设备如图 2-11 所示。

图 2-11　沼气发电工艺流程和设备

沼气利用途径包括以下 2 种方式：

（1）用沼气烧锅炉加热，利用产生的热量将水作为介质，通过专用循环管路，对污泥消化池加热。

（2）利用沼气发电，电能用于办公、生活，如开水房、食堂、宿舍等。

2. 沼渣、沼液利用

（1）沼渣利用。 沼渣与固体粪便混合，将经好氧堆肥无害化处理之后的腐熟堆肥作为原料，再经过干燥、粉碎、筛分和计量装袋后成为商品有机肥用于市场销售；或通过添加无机肥料调节养分，制成有机-无机复混肥后进行销售。沼渣与固体粪便混合生产肥料如图 2-12 所示。

图 2-12　沼渣与固体粪便混合生产肥料

（2）沼液利用。 少量沼液用于蚯蚓养殖，或流入生物氧化塘经分解后回流冲洗养殖舍或注入鱼塘。大量沼液再进入地下厌氧池进行二级发酵，发酵后的出水泵入液态肥库储存，通过水肥一体化施用于有机水稻田。

二、减排效果及效益情况

固体污染物主要包括沼渣与固液分离后的固体粪便，通过进行好氧堆肥处理后制成有机肥料，施入周边农田消纳或包装成袋出售。液体污染物以沼液为主，经过该工艺的处理，COD、BOD$_5$（五日生化需氧量）、氨氮、TP 可以减排 99％以上，TN 减排率可以达 95％以上。

通过上述处理和利用途径，固液废弃物完全进入种养循环链，大大减少面源污染，减排效果良好。

粪污发酵产沼利用技术是针对集约化奶牛养殖业发展的特点和环境保护的需要而发展起来的一项治理环境污染、获取绿色能源的经济、实用、节能和环保的技术。作为养殖废弃物资源的能源化利用技术，在不影响正常的养殖场生产管理、畜禽生产性能的前提下，有效处理和利用了畜禽粪污，同时增加农民收入、节约能源、改善农村人口生活质量、减少污染物排放。

养殖方面，建有沼气工程的养殖场粪污得到有效处理，畜禽患病概率大大降低，减少了抗生素的使用。种植方面，对比沼肥和化肥施用，施用沼肥可使水稻收割期提前，且大米品质得到提升。

养殖场日处理粪污量 500 吨，日产沼气 11 000 米³、液体有机肥 500 吨、沼渣 180 吨，日发电量 4 000 千瓦·时，年节省电费约 100 万元。沼气锅炉每日产生 65～80 吨蒸汽，年减排温室气体 4.5 万吨左右，消除了可能带来的环境问题，也节约了生产成本。发展牧草订单基地 10 000 亩，每年可提供青贮玉米 2 万～3 万吨，不仅保证了奶牛获得优质的饲草料，还可通过牧场农业订单拉动当地农业经济的发展。沼渣、沼液得到充分利用，使用有机沼肥的田地每亩可减少 20～25 千克化肥用量，每亩可节本增收 200～500 元。

生猪原位发酵床养殖技术

原位发酵床养殖技术是根据微生态理论,将自然环境中的益生菌按照一定的比例与谷壳、锯末、秸秆和一些活性剂混合发酵作为有机垫料层,猪排泄的粪尿被垫料中的益生菌分解转化成有机物质,从而达到零排放、无污染、资源循环利用的环保养殖目的。原位发酵床养殖技术以活性微生物作为物质能量转换中枢,利用活性微生物复合菌群,长期、持续、稳定地将动物粪尿完全降解为优质有机肥料和能量,从而解决养殖业产生的环境污染问题。

相比于传统养殖模式,原位发酵床养殖技术的优点在于:①降低环境污染。垫料中含有一定的活性有益微生物,能迅速并有效地降解、消化猪粪尿排泄物,基本达到零排放要求。②减少疫病,提高猪肉品质。原位发酵床猪舍各条件均适合猪只的生长。垫料中的益生菌对病原菌有拮抗作用,能降低猪感染疾病的概率,减少抗生素的使用,从而提高猪肉的品质。③提高饲料利用率。猪粪尿可被微生物分解转化为供猪拱食的有机物和菌体蛋白。④节工省本、提高效益。因为原位发酵床养猪技术不需要每天冲洗猪舍,在节水的同时节省了劳力。⑤变废为宝。垫料在超过最佳使用期限后,可作为原料通过发酵堆肥生产微生物有机肥。

本技术适合劳动力、作物秸秆充足地区。发酵床养殖对于生猪的地域要求并不严格,南、北方地区均可使用,建议存栏超过3 000头生猪的养殖场使用。

一、技术操作流程与基本要求

原位发酵床垫料主要由微生物菌剂及锯末、谷壳等农业有机废弃物组成，厚度一般为 60～90 厘米。将垫料各组分按比例混匀，堆积发酵至 60～70 ℃，然后将垫料摊开，即可发挥原位发酵床的粪尿消纳功能。原位发酵床垫料的温度一般保持在 40～50℃。废弃的垫料可进行资源转化，用于生产肥料、食用菌基质等产品。原位发酵床养殖技术最大的优势主要体现在粪污"零排放"（图 2-13）。

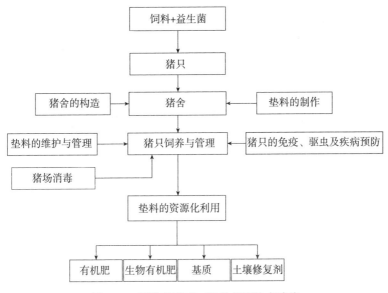

图 2-13　原位发酵床工程化养猪技术路线

（一）原位发酵床养殖舍选址要求

1. **地理位置**　场址的位置尽量接近饲料产地，有较好的运输条件，要远离批发市场、屠宰加工企业、风景名胜地和交通要道等。一般要求距离畜产品加工厂至少1千米；距离主要公路300米以上，距离一般公路100米以上，且距离最近的村庄最好不少于2千米；高压线不得在养殖舍和保育舍上面通过。一般要求养殖舍东西走向、坐北朝南，充分采光，通风良好。

2. **地势与地形** 原位发酵床养殖场场址要求地势较高、干燥、平缓、向阳。场址至少高出当地历史洪水位线，其地下水位应在2米以下，这样可以避免洪水的威胁和减少因土壤毛细管水位上升而造成地面潮湿。地面坡度以1‰～3‰较为理想。山区宜选择向阳坡地，不但利于排水，而且阳光充足，能减少冷气流的影响。

3. **土质** 原位发酵床养殖舍的土质除了要具有一定的承载能力外，还应具有透气透水性强、毛细管作用弱、吸湿性和导热性小、质地均匀的特点。

4. **水、电** 原位发酵床养殖由于不用频繁冲洗圈舍，所以主要用水量在于生猪的饮用水，保证垫料湿度、用具洗刷、员工和绿化用水即可。水质要良好，需达到人类饮用水标准。由于养殖舍多采用自然光线，养殖场用电只要保证相关设施设备用电和夜晚照明用电即可。

原位发酵床养殖对于生猪养殖的地域要求并不严格，但还是要因地制宜注意细节，如养殖舍的墙体要南薄北厚等。

（二）原位发酵床猪舍结构

原位发酵床猪舍一般单列式分布，猪舍跨度一般为8米，最好不要超过9米（如果过宽投资成本会大幅增加）；长度根据实际情况而定，一般为20米左右，但不要超过50米（过长不利机械通风）；人行道宽1米，靠北。原位发酵床厚度一般为60～90

厘米，食槽一侧可设置水泥饲喂台。为便于猪群管理，一般每7～8米隔栏，可饲养猪只40头左右（图2-14）。规范的原位发酵床猪舍一般要求通风、采光良好，呈东西走向，坐北朝南，单列式，南北可以敞开。南北墙可通透带卷帘，东西墙为实墙，分别设置水帘和风机。一般猪舍墙高3米，屋脊高4.5米，屋顶设喷淋装置。

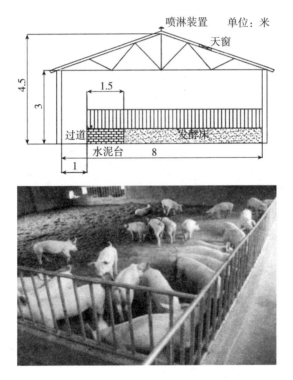

图2-14 单列式室内原位发酵床猪舍剖面图和实景图

（三）原位发酵床垫料的筛选

根据发酵过程中优势菌种生物学特性及微生物对猪粪尿的分

解作用，垫料原料筛选工作应主要考虑：①可溶性糖含量低；②粗纤维含量高；③铺设的垫床具有较高的孔隙度；④廉价易得；⑤谷类作物副产物要避免霉菌的污染和霉菌毒素的富集。常用的垫料原料一般为锯末、谷壳、玉米秸秆、小麦秸秆、玉米屑、菌渣等，目前南北方室内原位发酵床垫料原料用得较多的为前两种。

发酵床常用的垫料微生物菌剂以芽孢杆菌为主，本团队筛选的垫料微生物菌剂枯草芽孢杆菌如图 2-15 所示。

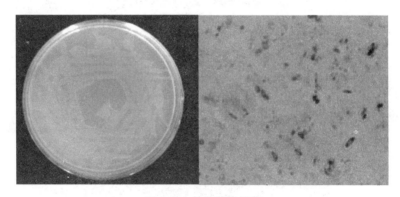

图 2-15　枯草芽孢杆菌

（四）原位发酵床制作

一般以两种垫料原料制作原位发酵床，垫料原料的配比一般为各 50%，微生物菌剂占垫料的质量比一般为 0.1%～0.2%；然后调整垫料湿度为 50%～60% 进行堆置发酵（图 2-16）。

（五）原位发酵床垫料的维护和管理

原位发酵床维护的目的主要有两方面：一是保持原位发酵床正常微生态平衡，使有益微生物菌群始终处于优势地位；二是确

图 2-16　原位发酵床的制作

保原位发酵床对猪粪尿的消化分解能力始终维持在较高水平。原位发酵床垫料的维护俗称养床，以维持垫床中微生物的活动在较活跃状态，维护过程主要涉及垫料通透性管理、水分调节及疏粪管理、垫料补充与更新等环节。

1. **垫料通透性管理**　通过翻堆使垫料中的含氧量始终维持在正常水平。在日常饲养工作中，应加强垫料的翻倒（图 2-17），频率一般一周 1～2 次，翻倒深度为 10～20 厘米。如果长期不翻，粪便很难能被发酵处理，产生有害气体的同时出现原位发酵床的死床现象。

2. **垫料水分调节**　垫料合适的水分含量通常为 40%～50%，常规补水方式可以采用喷雾补水。

3. **疏粪管理**　将粪尿分散在垫料上，并与垫料混合均匀，保持原位发酵床水分的均匀一致，利于猪粪尿的分解转化。

4. **垫料补充与更新**　垫料减少量达到 10% 后就要及时补充，补充的新料与原位发酵床上的垫料混合均匀，同时补充菌剂，并调节好水分。

图 2-17　垫料翻倒

二、减排效果及效益情况

原位发酵床养殖技术猪舍排水只需处理其中的大肠杆菌就可以达到地表Ⅱ类水的排放标准，大大节约了后期的处理费用。原位发酵床养殖技术猪舍各项环境卫生指标更接近于育肥猪生长发育要求的最适范围。原位发酵床养猪技术对提高猪生长性能有明显影响，能促进猪的生长发育，缩短饲养时间。原位发酵床生态养猪舍初期投资较低，运行节约人力资源、减少劳动用工，又节省水电和土地资源，因此，经济效益是明显的。

与传统养猪技术相比，原位发酵床养猪技术为猪提供一个良好的生长环境，可以做到猪舍四季无臭味、猪圈卫生干净，因此生猪增重效益明显。此外，如果发酵好的垫料直接卖给服务企业，1 000头猪每年的总增加效益（降低养殖成本收益＋垫料收益）为15.903万元；如果自行加工有机肥销售，1 000头猪每年的总增加效益为 27.153 万元。

目前，养猪场使用的原位发酵床垫料主要为谷壳和木屑，谷壳主要来源于大米加工业，木屑则主要来源于木材加工业。每头猪饲养面积需 1.2～1.5 米^2，使用垫料厚度40～80 厘米，所需垫料为 0.48～1.20 米^3，其中 50％为木屑，则需木屑 0.24～0.60 米^3。按一个存栏 1 000 头的养猪场来计算，则需木屑200～400 米^3。如果普遍采用原位发酵床技术，对垫料资源的需求将是庞大的，必将引起垫料原料价格的大幅上涨。因此，寻找原位发酵床垫料的替代原料势在必行。

环境友好型奶牛养殖整装技术

将优质全株玉米青贮饲料应用到奶牛养殖中，能提高粗饲料质量，提升奶牛对饲料的消化率，减少奶牛采食量，降低奶牛粪便产生量及主要污染物含量，实现源头减排。根据松花江流域特殊区位特点，针对高寒地区养殖企业的干清粪、水泡粪、水冲粪的工艺特色进行广泛调研，通过清粪时间、清粪量与粪便水分、氮磷含量及运行成本的比较，提出适合松花江流域的粪污清理技术方案。根据松花江流域全年气候变化特点，开展静态堆肥、强制通风堆肥、机械搅拌堆肥等好氧堆肥技术，通过堆肥效果及全年运转情况的综合分析，形成适合松花江流域不同养殖规模的粪污综合利用模式。同时，应用粪污发酵后的基质栽培食用菌，延长粪污处理产业链，提升经济效益。通过以上几种技术的组装，形成松花江流域养殖业面源污染防控共性与整装技术，实现从源头减少污染排放，将粪污进行低成本无害化处理，变废为宝，发展多种消纳模式。

本技术适合北方寒区规模为 250～500 头的奶牛、肉牛养殖场，适合劳动力、作物秸秆充足地区。

一、技术操作流程与基本要求

(一) 全株玉米青贮关键技术

1. **简介** 全株玉米青贮就是将玉米秸秆和果穗一起铡碎，装入密封容器内压实封严，厌氧发酵后而制成的青贮饲料。全株玉米青贮刈割时间早，质地柔软，容易消化，消化率提高 10% 左右，尤其是淀粉含量高，具有较高的营养价值。青贮玉米具有酸香味，适口性好。制作中要切实把握好关键技术，确保青贮饲料的质量。对于奶牛养殖来说，长期饲喂全株玉米青贮饲料还有很多好处：奶牛发情期规律，排卵正常，配种准胎率提高，产犊间隔缩短，从而提高牛场的管理水平，提升经济效益。

2. 全株玉米青贮的制作

(1) 青贮场地和青贮容器。①青贮场地应选在地势高燥、排水容易、地下水位低、取用方便的地方。②青贮容器种类很多，有青贮塔、青贮壕（大型养殖场多采用）、青贮窖（长窖、圆窖）、水泥池（地下、半地下）、青贮袋以及青贮窖袋等。养殖户要根据养殖及地方的实际情况选择不同的青贮容器，在东北地区建议使用青贮窖。

(2) 玉米青贮的刈割。①刈割时间。把握好青贮玉米的刈割时间是控制好青贮质量的前提。全株玉米青贮最佳刈割时间是在玉米籽实蜡熟期，整株下部有 4～5 片叶变成棕色时刈割（图 2-18）。实践证明，青贮玉米的干物质含量为 30%～35% 时，青贮效果最为理想，在松花江流域一般为 9 月 20 日左右。②刈割高度。玉米青贮刈割高度通常以 10～15 厘米为好，如果连根刨起，带有泥土，就会严重影响青贮的质量。此外，玉米秸秆靠近根部的部分木质素含量较高，青贮质量较差。有资料显示，高茬刈割比低茬刈割中性洗涤纤维含量降低 8.7%，粗蛋白质含量提高 2.3%，淀粉含量提高 6.7%，产奶净能提高 2.7%。

(3) 玉米青贮铡碎长度。干物质含量在 35% 以下的整株玉米，一般可以铡至 1.0～1.5 厘米；干物质含量在 35% 以上很难被压实的整株玉米，最好铡至 0.5～1.0 厘米；干物质含量低于

图 2-18　青贮刈割最佳时间

20％要长些。当全株玉米干物质含量超过 30％时，需使用籽粒破碎功能（图 2-19）。

图 2-19　玉米青贮铡碎

（4）玉米青贮的调制。青贮发酵是一个较难控制的过程，发酵可使饲料的养分保存量降低。全株玉米青贮投入大，在制作中，添加青贮添加剂可以改善青贮过程，提高青贮质量（图2-20）。

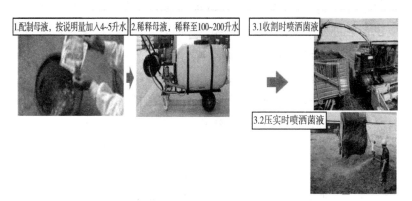

1.配制母液，按说明量加入4~5升水

2.稀释母液，稀释至100~200升水

3.1收割时喷洒菌液

3.2压实时喷洒菌液

图2-20 青贮调制

发酵刺激物：发酵刺激物包括微生物接种剂和酶等。青贮发酵很大程度上取决于控制发酵过程的微生物种类，纯乳酸发酵在理论上可保存100％的干物质与99％的能量。青贮过程中添加微生物接种剂来加速乳酸发酵，从而达到控制发酵，进而生产出优质青贮饲料的目的。试验证明，接种青贮微生物发酵，奶牛对青贮干物质的采食量提高4.8％，产奶量比对照组提高4.6％。常用的青贮接种剂包括：植物乳杆菌、嗜酸乳杆菌、嗜乳酸小球菌、粪大肠杆菌等。将益康生物菌剂按1∶500比例进行稀释，每10厘米喷湿1次，在封窖表面进行双倍喷湿。

发酵抑制物：丙酸具有极强抑制真菌活动的能力，它能显著减少引起青贮有氧变质的酵母和霉菌数量。丙酸的添加量随玉米青贮的含水量、贮藏期以及是否与其他防霉剂混合使用而变化，添加量过大也会抑制青贮发酵。丙酸具有腐蚀性，在实际生产中常使用其酸性盐，如丙酸氨、丙酸钠、丙酸钙，其用量为青贮饲料质量的 0.5%～1.0%。

养分添加剂：养分添加剂主要是氨和尿素等。添加氨和尿素可以使青贮的保存期延长，增加廉价的蛋白质，减少青贮中蛋白质的降解，减少青贮过程中发霉和发热的发生。添加氨和尿素必须在青贮过程中喷洒均匀，添加量应根据玉米青贮干物质含量的不同而变化，含水量越少添加量越高，适宜添加量是 2.3～2.7 千克/吨 35% 干物质的青贮，2.0～2.3 千克/吨 30% 干物质的青贮。注意干物质超过 45% 的青贮不要添加氨和尿素，较干的原料会限制发酵，使正常的发酵中断。

（5）装窖。

青贮窖的深度：青贮窖的深度要考虑地下水位限制、取料方便、易于排水管理等因素，地上青贮窖适合规模养牛场。青贮窖地上部分要保证 3 米左右。

青贮窖的宽度：青贮窖的宽度应取决于取料速度或养殖规模，全部夏季饲料通常取用窖宽表面 30～45 厘米厚的青贮料，全部冬季饲料通常取用窖宽表面 15～20 厘米厚的青贮料。青贮窖宽度小，装填、密封快速，可以促进更快、更好发酵；取料面小易于管理，干物质损失少，二次发酵的机会就少，能保证奶牛每天吃到新鲜的青贮饲料。

玉米青贮的密度：制作青贮必须压实、封严，达到一定的密度。采用渐进式楔形方式青贮，每装填 15～20 厘米，用重型机械进行压实；在青贮原料装满后，还需继续装至原料高出窖的边沿 50 厘米左右，然后用塑料薄膜封盖；再在上用泥土压实，泥土厚度 30～40 厘米，使窖顶隆起。这样会使青贮原料中空气减少，提高青贮质量。质量好的全株玉米青贮密度应达到 600～750 千克/米³。

装窖时间：玉米青贮一旦开始，就要集中人力、物力，使刈割、运输、切碎、装窖、压实、密封连续进行。快速装窖和封顶，可以缩短青贮过程中有氧发酵的时间；并且装窖均匀、压实，可以提高青贮饲料的质量（图2-21、图2-22）。

图 2-21　青贮装窖、压实

图 2-22　青贮窖密封

青贮窖的维护：随着青贮的成熟及土层压力，窖内青贮饲料会慢慢下沉，土层上会出现裂缝，出现漏气，如遇雨天，雨水会从缝隙渗入，使青贮饲料败坏。有时因装窖时踩踏不实，时间稍长，青贮窖出现窖面低于地面的情况，雨天会积水。因此，要随时观察青贮窖，发现裂缝或下沉，要及时覆土，以保证青贮成功。

开窖时间：青贮原料必须经过一定时间的发酵才能充分完成青贮过程。青贮微生物的发酵过程需要一定的时间和发酵条件，要做好玉米带穗青贮，必须尽快满足乳酸菌的发酵，控制非乳酸发酵时间和条件。青贮饲料封窖后，一般经过 40～50 天就能完成发酵，之后可开窖取用。

3. 青贮饲料品质的检测

（1）**颜色**。优良品质的青贮饲料颜色呈青绿色或黄绿色，有光泽，近于原色；中等品质的青贮饲料颜色呈黄褐或暗褐色；劣等品质的青贮饲料呈黑色、褐色或墨绿色。

（2）**气味**。优良品质的青贮饲料具有芳香酸味；中等品质的青贮饲料香味淡或有刺鼻的酸味；劣等品质的青贮饲料为霉味、刺鼻腐臭味。

（3）**质地与结构**。优良品质的青贮饲料柔软，易分离，湿润，紧密，茎叶花保持原状；中等品质的青贮饲料柔软，水分多，茎叶花部分保持原状；劣等品质的青贮饲料呈黏块、污泥状，无结构。

此外，青贮玉米制作完成后，还要进行黄曲霉毒素（20 微克/千克）、呕吐毒素（6 微克/千克）、T-2 毒素（100 微克/千克）、玉米烯酮（300 微克/千克）检测，检测合格的产品才可以用于生产。

4. 青贮饲料制作成功的关键

（1）**原料要有一定的含水量**。一般制作青贮的原料水分含量应保持 65%～70%，低于或高于这个含水量，均不易青贮。

（2）**原料要有一定的糖分含量**。一般要求原料含糖量不得低于 1.0%～1.5%，下部叶片干枯 3～4 片，留茬 15～20 厘米（视土地平整程度适当降低）。

（3）青贮时间要短。缩短青贮时间最有效的办法是快，一般青贮过程应在 3 天内完成。这样就要求快收、快运、快切、快装、快踏、快封。

（4）压实。粉碎长度 1～2 厘米（干物质含量越高粉碎越细），在装窖时一定要将青贮饲料压实，尽量排出饲料内空气，尽可能地创造厌氧环境。生产中经常忽视这点，应特别注意，密度控制在 600～750 千克/米³（不能低于 600 千克/米³）。

（5）密封。青贮容器不能漏水、漏气。

良好的青贮状态如图 2-23 所示。

图 2-23　青贮状态

（二）松花江流域牛场清粪技术

1. 简介　黑龙江省规模化养殖场目前存在的主要清粪工艺有 3 种：水冲粪、水泡粪（自流式）和干清粪。

（1）水冲粪。水冲粪工艺最早是由欧美等发达国家发展起来的，由于劳动力缺乏，为了减轻劳动强度，从 20 世纪 70 年代起普遍采用这种方式，工艺流程是：粪尿污水混合进入缝隙地板下的粪沟，每天数次从沟端的水喷头放水冲洗，粪水顺粪沟流入粪便主干沟，进入地下贮粪池或用泵抽吸到地面贮粪池。

（2）水泡粪。水泡粪工艺是在水冲粪工艺的基础上改造而来的，工艺流程是：在畜舍内的排粪沟中注入一定量的水，粪尿、冲洗和饲养管理用水一并排放到缝隙地板下的粪沟中，储存一定时间（一般为1～2个月），待粪沟装满后，打开出口的闸门，将沟中粪水排出，粪水顺粪沟流入粪便主干沟，进入地下贮粪池或用泵抽吸到地面贮粪池。

（3）干清粪。干清粪工艺分为人工清粪和机械清粪两种，机械清粪包括铲式清粪和刮板清粪，工艺流程是：粪便一经产生便分流，干粪由机械或人工收集、清扫、运走，尿及冲洗水则从下水道流出，分别进行处理。

2. 清粪技术比较 对松花江流域齐齐哈尔科菲特奶牛场、孙吴县新宇牧业、孙吴县天成肉牛养殖合作社、齐齐哈尔梅里斯区玉鹏奶牛饲养专业合作社、齐齐哈尔梅里斯区远航奶牛养殖场、哈尔滨松花江奶牛场、肇东东昌奶牛场进行了详细调研，其中齐齐哈尔科菲特奶牛场、肇东东昌奶牛场为采用干清粪技术，孙吴县新宇牧业、孙吴县天成肉牛养殖合作社采用菌床养殖，齐齐哈尔梅里斯区玉鹏奶牛饲养专业合作社采用水泡粪工艺，齐齐哈尔梅里斯区远航奶牛养殖场采用水冲粪工艺。以下通过费用指标及粪污清理效果指标，对3种清理方式进行了评价。

水冲粪工艺：水冲粪工艺耗水量是3种清粪方式中最大的，不便于后续的厌氧和好氧处理，要求各处理单元的容积特别大，工程投资和运行费用均很高，固液分离出来的固体肥料价值却很低，我国南方地区目前较多采用这种方式。该工艺的优点仅为减轻劳动强度，劳动力要求低。松花江流域冬季结冰严重，不适合此技术的推广。

水泡粪工艺：水泡粪工艺耗水量在3种工艺中比水冲粪工艺低，而高于干清粪工艺。该工艺优点为较水冲粪工艺节省了部分水，然而由于粪便长时间在畜舍中停留，容易发生厌氧发酵，产生大量的有害气体如硫化氢、甲烷等，危及动物和饲养人员的健康。松花江流域由于冬季结冰严重，此技术只能在夏季运行，而且此技术配套的厌氧发酵技术由于气候原因在松花江流域应用成本很高，故也不推荐这种工艺。

干清粪工艺：从费用指标上可知，干清粪工艺投资比较高，但是在3种工艺中耗水量最少，粪污总量最小，污染物浓度最低。干清粪工艺由于采用粪污分开处理，后处理难易程度降低，而且该工艺可保持畜舍内清洁，无臭味，对人畜危害最小。采用干清粪，粪尿直接分离，未经大量的水稀释，养分损失小，最大限度地保存了它的肥料价值。同时，该工艺适合松花江流域冬季易结冰的气候特点，也适合黑龙江省作物一般施用固态有机肥的特点，这是目前比较理想的一种清粪工艺。

3. 干清粪工艺优势 这3种工艺在不同时期不同地区有各自的适用性，但是：①松花江流域地处高纬度地区，冬季寒冷，结冰情况严重，导致水清粪工艺、水泡粪工艺不能有效应用；②松花江流域作物施肥种类主要为固态有机肥料，应用水泡粪工艺和水冲粪工艺产生的粪污进行固液分离较困难，后续配套厌氧发酵池、沼气池等技术在松花江流域应用成本高；③干清粪工艺与水冲粪工艺、水泡粪工艺相比较，具有运行费用低、清粪量少、肥料价值高、后处理较容易、对人畜影响小等优点。该工艺可以及时、有效地清除畜舍内的粪便、尿液，保持畜舍环境卫生，减少粪污清理过程中的用水、用电，保持固体粪便的营养，提高有机肥肥效，降低后续粪尿处理的成本。因此，松花江流域奶牛场采用干清粪工艺是最佳的选择。

（三）生物菌床养牛技术

1. **简介**　生物菌床技术是黑龙江省农业科学院畜牧研究所在引进日本"自然农法"的 EM 菌研究成果的基础上，试验、完成的一种养殖方式。生物菌床养殖具有环保、改善舍内环境、减少疾病发生、提高饲料利用率、提高生长速度、节省养殖成本及减小劳动强度等优点。

生物菌床养牛的原理是：在舍内铺设一定厚度的谷壳、锯末和发酵菌种等混合垫料，把牛饲养在垫料上面，牛排出的粪尿在垫料内经微生物发酵被迅速降解（图 2-24）。在发酵过程中，产生的热能能提高舍内温度，同时有害或有异味的物质通过发酵变成无害或无异味的物质，使舍内无异味、粪尿零排放。

图 2-24　生物菌床养牛

垫料中的有益菌会通过牛采食进入肠道，有益菌群相互作用而产生的代谢物质如淀粉酶、蛋白酶、纤维酶等有利于提高动物对饲料的利用。同时，有益微生物发酵还能耗去肠道内的氧气，给乳酸菌等有益微生物的繁殖创造了良好的生长环境，促进肠道的乳酸菌等大量繁殖，从而改善肠道的微生态平衡，增强牛的抗病能力，提高对饲料的吸收率，降低粪尿的臭味。

有害菌适宜的生存环境多为中性或偏碱性，而在垫料深部厌氧菌（如酵母菌等）通过厌氧发酵，会产生很多酸性物质，抑制了有害菌的生长，减少了疾病的发生。

此外，生物菌床养牛产生的粪尿直接排到垫料中，经微生物发酵、分解变为有机肥料，回施到农田，可被作物直接利用，而不用再做堆肥处理。

2. 生物菌床养牛的优点

（1）减少环境污染。粪尿在生物菌床中直接快速分解，不需要其他处理就能达到粪尿的无污染处理。

（2）改善舍内环境。粪尿中有大量的热能，在微生物分解的作用下释放出来，可提高舍内温度。垫料能够提高体感温度 8～10℃。生物菌床养牛能解决冬季舍内温度过低、通风不良等问题，当冬季舍内温度高于 5℃时，不会影响牛的生长。

微生物能利用粪尿中有异味的物质，如氨气、粪臭素等。这些物质被微生物利用后，就不会释放到空气中，使舍内没有异味，生活环境得到极大改善，利于生产潜力的发挥。

生物菌床养牛不用水冲洗粪尿，舍内的湿度较低。同时，冬季舍内温度相对较高，可以加大通风量，所以在冬季能降低舍内湿度，使舍内保持较干燥的环境。

（3）减少疾病的发生。在生物菌床中，有益微生物占主要地位，这样就抑制了有害微生物的繁殖，减少传染性疾病的发生。

氨气等有害气体能刺激呼吸道，使牛的呼吸道疾病更容易发生。微生物能利用粪尿中分解的氨气合成蛋白质，减少氨气的释放，从而减少春季、秋季及冬季呼吸道疾病的发生。

垫料较柔软，减少了牛的蹄部损伤疾病的发生。

(4) 提高饲料利用率及生长速度。 生物菌床内的有益微生物可以在牛的消化道内占位，在抑制有害菌繁殖的同时，可以提高饲料的利用率，减少饲养成本。

生物菌床养牛极大改善了生活环境，使牛能在适宜的温度及湿度环境中生活，更利于生产潜力的发挥。

牛肠道内的微生物能分解纤维合成维生素，提高对维生素的利用。

(5) 节省成本。 在舍内达到同样的环境条件下，建筑成本相对较低。

不用水冲洗粪尿，可以节约90％的用水量。

利用粪尿分解产热，节省部分冬季的取暖费用。

(6) 降低饲养人员的劳动强度。 不用定时清除粪便，减少饲养人员的工作次数，使饲养人员的工作时间灵活安排。

3. 生物菌床的制作方法

(1) 垫料的制作。 垫料配比：每平方米需发酵菌种（稀释后）0.5千克、发酵活性剂0.6千克、水（深井水或放置24小时后的自来水）70～80千克、锯末（可加入50％稻壳）100千克、麦麸或米糠（也可以不加，加入效果更好）1千克。把发酵菌种和发酵活性剂溶于水中，把水拌入锯末中（图2-25）。把以上原料搅拌均匀后，即可填入垫料坑中。

(2) 生物菌床的制作。 制作生物菌床一般包括：①制作垫料坑。舍内挖垫料坑，深0.7～0.9米，宽度不小于3.5米；也可以直接在地面上建造（图2-26）。②制作秸秆层。用玉米秸秆铺垫垫料坑，铺垫高度为距离地面30～40厘米，踏实并用稻壳溜严缝隙，防止下陷过多。如果原料充足，也可以直接用锯末、稻壳混合料，不用秸秆。③制作垫料层。把搅拌好的垫料铺垫在秸

图 2-25 菌床喷菌

图 2-26 舍内挖垫料坑

秆层上，总高度为 65～75 厘米。④进牛时间。如果条件允许，夏季经过 2 天后，就可进牛；春秋季节，当室温低于 15℃时，垫料上层铺设麻袋，过 3 天后，垫料深 30 厘米处温度高于 25℃

时就可进牛。如果垫料铺好后立即让牛入舍，表面干燥，可先洒水，以牛奔跑不扬尘为宜。平均每头成年牛（500千克重）占地15～20米^2，小牛可根据粪尿量来增加饲养密度（图2-27）。

图2-27 掌握好生物容积率再进牛

4. 制作生物菌床时的注意事项

（1）第一次填垫料时，每平方米所需锯末为70～80千克，进牛一段时间后，垫料会下沉，下沉时要补充新的垫料。因此，准备锯末要按每平方米100千克做预算。

（2）进牛后的1周内，垫料温度不断上升，这段时间内不要翻动菌床；1周后，距离床面30厘米处的温度达到35℃以上时，全面翻动1次生物菌床，深度为30～40厘米，如图2-28所示。

（3）根据季节调节水分，夏季可以稍微多点，冬季可以少点，但水分要控制在40%～45%。调节垫料水分含量以用手攥能成团、不出水珠，松开手后垫料散开为佳。

（4）垫料发酵的深度为在菌床下15～50厘米（夏季）、20～45厘米（冬季），所以垫料层厚45～50厘米就足够。

（5）垫料层下的秸秆层主要起保温和渗水的作用，厚度20～40厘米为好。

图 2-28　翻动菌床

（6）由于牛在生物菌床上活动会对生物菌床有压力，秸秆层会被压实，造成床面下降，所以在制作秸秆层时，尽量要压实，不留缝隙。

5. 生物菌床的日常管理

（1）每月用菌种（黑农科益康益生菌）按比例 1∶200 的水喷洒床面，喷洒后全面翻动垫料，深度 30～40 厘米。

（2）当床面过硬时，要翻动硬的地方，使其变得松软。

（3）当牛出栏时，清除上层 10～15 厘米的垫料，制作肥料。另外，补充新的垫料再进牛。

6. 生物菌床管理注意事项

（1）生物菌床日常管理注意事项。 ①注意不要让过多的水进入生物菌床中，如注意饮水器不能漏水，注意下雨天不要让水倒流入菌床中等。②硬结的垫料要及时松动，否则影响产热和发酵。③粪尿及过湿的垫料要及时填埋到较干燥的垫料中，促进粪尿的及时发酵。④注意垫料不要过于干燥，一方面影响发酵效果，另一方面容易引发牛呼吸道疾病。如果过干时，适量喷洒一些水来调节。⑤垫料下沉时，如果不影响采食和饮水，不用加垫料；如果有影响，需加垫料垫高。

（2）春季的管理注意事项。①天气暖和时，加强通风的同时，要经常翻动垫料，促进生物菌床发酵。②加强生物菌床的护理。

（3）夏季的管理注意事项。①注意垫料水分不能过干，否则影响发酵。②当天气热时，可在床面上洒水，用来降温。③下雨天时，注意防止雨水倒灌。④加大通风来降温。⑤注意防晒。

（4）秋季的管理注意事项。①在入冬前，清理生物菌床上层10厘米的垫料，补充新垫料。②秋季雨水多时，注意防止雨水进入菌床。③注意垫料水分，不要过干，也不要过湿。④10月时，做好舍内保温工作。

（5）冬季的管理注意事项。①注意保温，舍温不要低于8℃，否则影响发酵效果。②注意合理通风，保持舍内干燥。③护理生物菌床时，可以加大菌液浓度，减少水的用量。④舍内温度低时，可翻动垫料，通过垫料散热来增加舍内温度。⑤当垫料水分过大时，加入干的新垫料来减少水分含量。

（四）利用强制通风进行粪污发酵及生产食用菌关键技术

1. 简介 强制通风粪污发酵技术是利用干清粪工艺收集到的粪污，通过改善堆肥厌氧环境，结合荷兰隧道发酵技术，增设通风管道，改善传统发酵工艺等措施，通过人为控制发酵时间、水分、温度、氧含量等因素达到快速高效处理粪污的目的。该技术节省劳动力、成本低、易于操作，是适用于黑龙江省小型牛场的粪污直接堆肥新技术，也是解决黑龙江省畜禽粪便无害化处理的绿色生产技术。

发酵后的粪污可以作为基质，应用到食用菌生产中，延长产业链，生产高附加值的农产品，提升经济效益。

2. 原料准备　栽培双孢蘑菇的原料为麦草（稻草、玉米秸秆）、牛粪（猪粪、鸡粪）、过磷酸钙、炉灰渣、石膏等。其配方比例为：麦草（稻草、玉米秸秆）45％、牛粪45％、过磷酸钙1％、炉灰渣5％、石膏1.5％、石灰2％、尿素0.5％。

3. 培养料发酵

(1) 培养料预湿。碳源预湿对发酵有很大的影响，要在建堆前3～5天进行，首先将玉米秸秆截成长20厘米的小段（稻草可以是整根不用截），然后用水把秸秆充分浇湿，使秸秆含水量达到70％。牛粪提前半天预湿即可，含水量达到40％～65％（图2-29）。

(2) 建堆发酵。一般堆长依据原料多少进行建设，宽2.2米、高1.6～1.8米。将炉灰渣分成8份，第一层放40厘米厚稻草或秸秆，放3～5厘米厚的牛粪，加1份炉灰渣。从第二层起每层稻草放30厘米，炉灰渣各1份，一直建7层，最后第八层少放稻草和牛粪，把剩余的炉灰渣全加进去（图2-30）。

图2-29　碳源预湿

图2-30　建发酵堆

在浇水时，第一层和第二层不要太多，把牛粪弄湿即可，不要让水从底下流出，以免把肥料淋失掉；从第三层起要逐渐加大水量，直至最后水基本上从底部流出来。堆建好后用地膜盖住顶部，保温保湿。堆要建得方方正正，边要齐，以保证合理的发酵温度和良好的通气性。

传统发酵技术（图 2-31）可直接建成条垛或锥形垛，根据温度情况每隔 12~15 天进行翻垛，实现氧气、物料的交换，每次发酵需要 5 次左右的翻堆。每次翻堆后重新升温，启动发酵。发酵厌氧区、高温厌氧区水分含量大、氧气少，主要进行厌氧发酵，存在发酵产品效果差、有益微生物及固氮微生物生存困难、氮素等营养流失严重等问题。

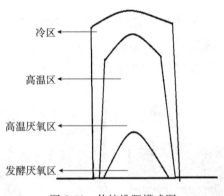

冷区 ◄——

高温区 ◄——

高温厌氧区 ◄——

发酵厌氧区 ◄——

图 2-31　传统堆肥模式图

本强制通风法为离地面 30 厘米处平行放 3 根直径 2 寸的塑料通风管，管壁每 5 厘米打 6 个孔；据此平面 60 厘米放置 2 根通风管（图 2-32）。调整碳氮比为 35，湿度 60%，pH8，均匀混合。通风可使温度降低，温度控制在 50~65℃；通风可降低水分含量，将其控制在55%~65%。待第一次升温稳定后，每隔 8 小时通风 15 分钟，速率为16 米³/分（图 2-33）。

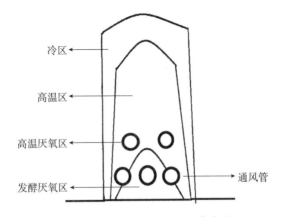

图 2-32　增加通风量的堆肥模式图

图 2-33　强制通风发酵

后发酵是整个发酵的关键。前发酵结束后，进行 1 次翻堆，翻堆后将料堆全部用地膜盖住（翻堆时要用直径 10 厘米的木棒在料堆上打通气孔），使料温在短时间内上升至 58～64℃并保持 12 小时，以杀死料中的杂菌（即巴氏消毒）。然后采用扇动地膜等方法进行降温，若温度能降到 48～52℃，保持 3～4 天后就可拆堆，发酵完成；若温度降不下来，就要再进行 1 次翻堆，翻堆后用地膜盖住保持 3 天，然后进行拆堆，发酵完成。

（3）调整 pH。发酵完成后，将料堆摊开，散去料中的氨气等有害气体气味，并将料的 pH 调至 7.5～8.2。若料过干，用 2％的石灰水调节；若料较湿，就用石灰粉调节。

4. 温室消毒及覆盖

（1）温室地面消毒。温室地面用石灰进行消毒，将 25～50 千克石灰撒在温室地面，然后用水将石灰弄湿，不要漏撒料堆底部（可在摊堆时边摊边撒）。

（2）温室空间消毒。温室空间可用硫黄、甲醛等药剂熏蒸，每立方米空间药剂用量为硫黄粉 10 克和 36％～40％甲醛液 8 毫升。另外，还必须用一些效果好的杀螨剂如 73％炔螨特乳油、阿维菌素等以杀死环境中的螨虫（图 2-34）。

图 2-34　消毒后的菇棚

5. 播种及发菌

播种前要将料做成宽 60～80 厘米的台，铺料厚度为 35 厘米左右。菌种用量为 2 瓶液体菌种，每瓶 500 毫升。

播种前器具、菌种瓶及工作人员双手都要用75％酒精消毒，播种时应先将2/3的菌种均匀撒播在台上，用手轻轻搔一下，让菌种进入料内；然后将1/3的菌种撒在台面上，用手或木板轻轻压一下，让菌种和培养料充分接触。

　　播种后在台表面覆盖报纸并喷湿（图2-35）。播种后的3天为菌种萌发期（图2-36），不揭报纸不通风，保温保湿。从第四天起菌丝开始吃料，随菌丝生长，要逐渐加大通风量，促进菌丝尽快在培养料中定植。播种后7～10天菌丝已基本长满料面，这时可搔菌一次，以增加培养料的通气性，促进菌丝向下吃料。

图2-35　播种后喷湿

　　当菌丝长满料后要加大通风以降低空气湿度，使料有点发干（刺手），促进菌丝向湿度较大的底层生长。一般双孢蘑菇生长发育的适温为22～24℃，在发菌期间，为控制害虫及杂菌的繁殖速度，以低温发菌比较安全，温度可控制在14℃左右。

图 2-36　菌种萌发

6. 覆土

（1）**覆土时间。** 播种后 20 天左右，当菌丝长到料层 2/3 时进行覆土。

（2）**覆土方法。** 覆在料面上的土要求保水性及通气性良好，以泥炭土为最好；10 厘米以下土层以沙壤土为好。覆土前土壤必须用甲醛、杀螨剂处理，然后掺入 2%～3% 的石灰粉，喷水调节 pH 和湿度。采用一次覆土法，覆土厚度为 3.5～5.0 厘米（图2-37），不能太厚也不能太薄。若覆土过薄，则土层蓄水少，菇体水分供应不足，易形成薄皮菇；若覆土太厚，易使培养料通气性不好，菌丝会因缺氧而生长不良。

（3）**覆土后管理。** 覆土后的管理主要是调节土壤的含水量，应采用雾化较好的喷水设备，可分 8 次在 2 天内调完。喷水不可过急，以免水进入料内造成菌丝萎缩消失，或使土壤板结并产生夹心土，即土粒中间为干土、表面为湿土。

覆土后 4～5 天，肉眼观察可见到白色的绒毛状气生菌丝时立即打结菇水，打结菇水时也不能过急，要分 8 次在 2 天内打

图 2-37 覆 土

完，将表面气生菌丝全部打倒伏。在干湿刺激和变温刺激下，约4天后有菌丝会扭结形成白色的菇原基。当白色的菇原基长到黄豆大小时喷出菇水，用水量可稍大一些。

7. 出菇管理

(1) 水分。出菇期间要保持土壤水分达到饱和状态，但不可使水分流到培养料中，否则会造成菌丝萎缩。可向温室走道和空气中喷水以增加湿度，使湿度保持在 80％～90％。要注意的是：每次喷水后都要加大通风，否则会使幼菇死亡，做到不打闭门水和来回水、温度过高时不打、阴天不打。

(2) 温度。出菇期间温度控制在 13～22 ℃，出菇快、产量高、菇质好。

此外，光线越暗，出菇越白（图 2-38）。保持室内空气新鲜，使氧气供应充足。

8. 采收
当菌盖直径长至 3.5～4.0 厘米时就应采收，若采收过迟，易造成菌膜破裂而形成开伞菇，降低商品价值。采收时要旋转采摘以免损伤周围小菇，并轻拿轻放，避免碰伤菇体（图 2-39）。

图 2-38 出 菇

图 2-39 采 收

9. 病虫害防治 螨虫防治可用 73％炔螨特乳油，应尽量在出菇期间间歇施用。当已出现橘红色的孢子时，必须将病原清理出菇房。

二、减排效果及效益情况

饲喂全株玉米青贮饲料可使奶牛增加饱腹感、提高消化率、减少对精饲料的采食量。

生物菌床养牛，粪尿直接排到垫料中，经微生物发酵、分解，变为有机肥料，然后直接还田利用，不需要另外处理就能达到粪尿的无污染处理。干清粪发酵技术采用强制通风进行固体废弃物处理，可节省劳动力、降低成本且技术易于操作，是适用于松花江寒冷气温下的小型牛场粪污直接堆肥的新技术。该技术生产的堆肥产物直接施用于农田，可培肥土壤，减少化肥用量，提高作物产量；也可用于菌类的种植，获得更高的经济效益。

该技术能促进松花江流域的中小型牛场进一步规范管理，提升家庭牧场的奶质，提高出产奶量；但对管理水平较好的奶牛场整体产奶量没有明显影响。

（1）对于玉米种植户来说，玉米成熟后每亩收获玉米 400 千克，按市场价 1.6 元/千克，每亩毛收入为 640 元左右；种植青贮玉米密植 4 000～4 500 棵/亩，蜡熟期全株玉米产量 4 000 千克/亩左右，收购价格 0.18～0.20 元/千克，毛收入 720～800 元/亩。玉米青贮可以增收 80～160 元/亩。

（2）对于养牛场来说，利用全株玉米青贮饲料饲喂奶牛，可使奶牛常年吃到优质青绿、多汁饲料，其适口性、消化率以及营养价值均优于去穗秸秆青贮。在管理条件相同的情况下，消化率可提高 12%，泌乳量增加 10%～14%，乳脂率提高 10%～15%，牛奶的产量增加、质量提高，从而减少拒奶率，每千克提高 0.15～0.20 元。以每头奶牛产奶量为 28 千克/天计算，每头牛每天增收 5.6 元，从而实现养殖业增效。

（3）应用粪污发酵基质栽培食用菌，可以大幅增加环境、经济和社会效益。以厂房 320 米²（约 8 米×40 米）计算，一般最少可安装 24 组架子，栽培面积为 1 080 米²（出菇面积）。

架子投入：竹子、木头、铁架均可以，一般以竹子计算，一组 6 层需要 25 根直径 5 厘米的竹子和 48 根花竹及面积为 50 米²的鸡网（粗竹子价格为 8～10 元/根，长为 5 米；花竹为 48 元/捆，长为 4 米，一捆 40 根；鸡网为 10.4 元/千克）一组成本约300 元，可建造出菇面积为 45 米²，人工费 350 元，合计每组650 元，一栋棚总投入为 15 600 元。

原料成本：牛粪、稻草、秸秆价格根据市场情况而定，需要牛粪 15 000 千克、稻草或者秸秆 15 000 千克、石灰 300 千克、石膏 600 千克。按照粪便和秸秆企业自有计算，需要支付125 元。

主要用水量：1 米² 结菇水：3.5 千克；出菇水：3.6 千克（4～5 次）。1 米² 共用水 21.5 千克，1 米² 费用为 0.07 元（21.5×3/1 000），1 080 米² 费用为 75 元。

菌种费用：6 480 元（1 080×3×2）。

总产量：每平方米产菇 10 千克，1 080 米² 共产菇 10 800千克。

收入：2016 年秋天双孢蘑菇的价格是 6 元/千克，2017 年春天价格是 12 元/千克，10 800 千克可收入 64 800～129 600 元。

总收入（不算棚的投入）：毛收入（64 800～129 600 元）减去成本 28 280 元（建棚 15 600 元、菌种 6 480 元、牛粪与秸秆费用 125 元、水费 75 元、出菇管理人工费 6 000 元），收益为36 520～101 320 元。

生猪养殖环境友好型饲喂技术

　　猪粪尿中的含氮、含磷物质是重要的农业面源污染物，其中氮元素主要来自饲料中没有被消化吸收利用的粗蛋白质和氨基酸等物质的降解，磷元素则主要来自饲料中未被利用的植酸磷和人工添加的磷酸氢钙。饲料中添加适量寡糖，对动物肠道具有保护作用，能提高饲料中氨基酸的利用率，并减少消化道黏膜脱落，降低回肠末端内源性氨基酸分泌量，从而减少粪尿中总氮的含量；饲料中添加植酸酶可以提高植酸磷的利用率，降低粪尿中磷的含量。因此，在饲料中添加寡糖、植酸酶等有效成分，能够降低粪尿中氮、磷排泄量。

　　本技术适用于现代养猪模式下各种规模的种猪场和育肥猪场，包括各个饲养阶段的种公猪、妊娠母猪、哺乳母猪、哺乳仔猪、保育仔猪、育肥猪。

一、技术操作流程与基本要求

（一）场地环境与猪舍

1. 场地环境

（1）猪场环境应符合 NY/T 388 的要求。

（2）猪场要建在地势高、干燥、排水良好、背风向阳、易于组织生产的地方，场址用地应符合当地土地使用规划。

（3）猪场应距离交通要道、公共场所、居民区、城镇、学校 1 000 米以上，远离医院、畜产品加工厂、垃圾及污水处理场

2 000米以上，周围应有围墙或其他有效屏障。

（4）猪场坐北向南，生产区布置在管理区的下风向，污水、粪便处理设施和病死猪处理区应在生产区的下风向。

（5）场区净道和污道分开，互不交叉。

（6）猪舍地面应坚实、不滑，无渗漏，有2‰～3‰的坡度；地面及围栏1.5米以下应耐酸碱，便于清洗和消毒。

（7）猪舍应保温隔热，通风良好，光照适宜。

（8）猪场应有化粪池、沼气池等废弃物处理设施，防止对周围环境造成污染。

（9）猪舍内应有完善的供排水设施，并与养殖规模相适应。

2. 猪舍

（1）建材选择。猪舍墙体采用砖、石等材料，地面采用混凝土、石板等材料，屋顶采用小青瓦或机制瓦等防水材料，围栏使用砖砌体、石板或金属材料。

（2）猪舍类型及设备设施。①猪舍可采用双列式或单列式，猪舍高（不含顶）2.2～2.6米。②公猪每头猪占舍面积7～9米²，基础母猪7～9米²，育肥猪0.8～1.2米²。③公猪栏高1.5米，母猪栏高1.4米，育肥猪栏高0.8～1.2米。④猪舍门一律向外开，窗下沿距地面1.0～1.2米。种猪舍采光系数1：10（窗户的有效采光面积与猪舍地面面积之比），育成猪舍1：（10～12），育肥猪舍1：（20～25）。⑤推荐使用鸭嘴式自动饮水器，饮水器安装在排污区，公猪舍安装高度0.6～0.7米，母猪舍0.55～0.60米，仔猪舍0.15～0.20米，保育仔猪舍0.25～0.30米，生长猪舍0.35～0.40米，肥育猪舍0.45～0.50米。⑥饲槽置于饲喂走道一侧，呈U形，上口宽25厘米，下口宽20厘米，高15厘米。进料口置于饲槽上方离地40厘米处，位置居中，宽20厘米。⑦在猪舍外设排污沟，沟深20～30厘米，沟底坡度 2.0%～2.5%，上口宽 0.3～0.6 米。排污沟或管道长度超过 200 米时，要增设沉淀池。未建沼气池的可建储粪池，用砖砌体或混凝土修筑，池深 1 米，每头猪需 0.6 米³。⑧在猪场大门口设置宽与大门相同、长等于进场大型机动车车轮周长 1.5 倍的水泥结构的消毒池。生产区门口设更衣室、消毒室或淋浴室。猪舍入口设置长 1 米的消毒池，或设置消毒盆供工作人员消毒。

（二）饲养管理

1. 种公猪的饲养管理

（1）按照种公猪的饲养标准配制饲料，保证其营养需要。

（2）定时、定质、定量饲喂，成年猪每天 2.2～2.8 千克，配种任务繁重时每天加喂鸡蛋 1～3 个。

（3）投产种公猪应单舍饲养。每天上、下午各驱赶运动 1 次，每次 40～60 分钟。每天用刷子刷拭猪体 1 次。做好夏季防暑降温和冬季保暖防寒工作。

（4）做好免疫接种和猪舍清洁消毒工作。每天上、下午各打扫猪舍 1 次，夏季 1 周消毒 1 次，冬季 2 周消毒 1 次。

（5）合理使用种公猪。1 头种公猪可负担 20～30 头（本交）或 500～800 头（人工授精）母猪的配种任务，使用期 3～4 年。8～12 月龄公猪 1 天最多使用 1 次，连续 2～3 天要休息 1 天，每周不超过 5 次；成年公猪每天配种最多不超过 2 次，以 1 次为宜，连续 5 天后应休息 1 天。

2. 母猪的饲养管理

（1）后备母猪的饲养管理。①饲料营养要全面，品质要好。舍内要通风透光，空气新鲜。搞好猪舍日常清扫和消毒工作。供给充足清洁的饮水。定期驱虫和防疫注射。②仔细观察，适时配种。母猪的性周期为 18～23 天，平均 21 天。当母猪发情至阴户肿胀消退，颜色由"潮红"变"淡红"，有"静立"反射，阴道流出少量白色黏液且黏液变浓稠时为最佳配种期。首次配种后间隔 8～12 小时再配种 1～2 次。③配种时应选用最优杂交组合。采用杜洛克作终端父本，用长约、约长二杂母猪作母本，生产外三元杂交猪；或用杜洛克作终端父本，长本、约本二杂母猪作母本，生产内三元杂交猪。

(2) 妊娠母猪的饲养管理。①妊娠母猪饲料实行限食饲喂。配种后 3 天内每天喂 1.8 千克，4～60 天每天喂 1.8～2.0 千克，61～90 天每天喂 2.0～2.3 千克，91～111 天每天喂 3.5 千克；产前 2 天开始减料，产前 2 天每天喂 2.0 千克，产前 1 天喂 1.5 千克；产仔当天只喂饮水或喂 0.5～1.0 千克。②禁喂发霉、变质、腐败、冰冻、有毒、有刺激性的饲料，控制使用菜籽饼及糟渣类饲料，适量饲喂青料。要保持饲料品质和结构的稳定。③细心照料，不能随意驱赶、鞭打、惊吓母猪。④保持猪舍干燥、卫生，光线充足，通风良好。⑤注意夏季防暑降温和冬季保暖防寒。⑥供给充足、清洁的饮水。

(3) 分娩母猪的饲养管理。①母猪产前 7～10 天，将临产母猪转入已清洗干净并彻底消毒的产舍中。②母猪产仔当天喂较稀的熟豆浆、麸皮等汤料，内加少量食盐和抗生素。每天喂 2 次，上午 0.5 千克、下午 0.8 千克，产后 2～3 天逐渐加料。第 6～7 天后恢复正常喂量，每天喂 3～4 次。③饲料营养要全面，适口性要好，体积适中，品质优良。④注意母猪乳房卫生，仔细观察是否有乳房病变，发现问题要及早处理。每天可用 0.1% 高锰酸钾溶液清洗乳房 1 次。⑤供给充足、清洁的饮水，保持猪舍干燥、卫生。⑥接产。临产母猪必须严密守护。一般采用自然分娩，因胎儿过大或胎位不正而难产的，应进行人工助产。胎儿产出后，及时用消毒毛巾擦净口鼻及全身的黏液，并在距腹部 3～4 厘米处剪断脐带，用 5‰的碘酒消毒。产仔结束后做好记录。⑦分娩母猪产仔后 3 天内，注意防止产褥感染。

（4）空怀母猪的饲养管理。与后备母猪相似，但要注意掌握好饲料喂量，恢复、保持良好的种用体况。

3.仔猪的饲养管理

（1）仔猪出生后 12 小时内应尽早喂初乳。

（2）仔猪出生后 2～3 天，饲养员要协助其固定乳头吃乳。母猪产仔过多或过少时，要及时寄养或并窝。

（3）仔猪出生后 2～3 天，要补充铁和硒。

（4）仔猪出生后 3～5 天，要开始训练饮水。

（5）仔猪出生后 6～7 天，用乳猪开食料或自配料进行诱食。对不主动认食的仔猪，可采取强制诱食。仔猪开食后，要按照少喂勤添的原则投放饲料。

（6）保温防压。仔猪的适宜环境温度见表 2-1。在母猪舍内设限位栏或在仔猪出生后 1～2 天内，将仔猪置入人工保温箱，定时放出哺乳。

表 2-1　仔猪的适宜环境温度

单位：℃

项　　目	1～7 日龄	8～30 日龄	31～60 日龄
适宜温度	32～28	28～25	25～23

（7）保持猪舍安静，防止惊吓仔猪。

（8）适时阉割和接种。20～25 日龄仔猪注射水肿疫苗，21～28 日龄阉割，30～35 日龄注射口蹄疫苗和双倍猪瘟疫苗，40～45 日龄注射副伤寒疫苗，60 日龄注射三联苗。

（9）仔猪出生后 28～35 天，体重 6～7 千克，日采食开食料达到 150 克以上时，采取"迁母留仔法"断乳。

（10）仔猪断乳 7～10 天后，饲料逐渐过渡到断乳仔猪料，并供给充足、清洁的饮水。

4. 育肥猪的饲养管理

（1）按杂交组合、体质强弱和体重大小组群。

（2）搞好预防注射和驱虫。

（3）根据猪只不同生长阶段，按照饲养标准合理配制饲料。青料生喂，豆类炒熟喂，配合饲料生饲湿喂，保证饲料品质稳定。

（4）供给充足、清洁的饮水。

（5）保持猪舍通风干燥。

（6）扑杀蚊蝇老鼠，防止其他动物进入猪舍。

（7）猪舍最适温度为 16～21℃。

（8）猪体重达 90～120 千克时出栏。

（三）饲料

1. 饲料要求

（1）饲料原料色泽新鲜，无发酵、霉变、结块及异味，有毒有害物质及微生物允许量应符合 GB 13078 的规定。禁止使用泔水或垃圾饲料喂猪。

（2）饲料添加剂应具有该品种应有的色、嗅、味和组织形态特征，无异味。产品是由具有农业农村部颁发的《饲料添加剂生产许可证》的正规企业生产并具有产品批准文号的产品。使用时应遵照标签所规定的用法和用量。

（3）药物性饲料添加剂按照《药物饲料添加剂使用规范》执行。不允许添加氨苯胂酸、洛克沙胂等砷制剂类药物性饲料添加剂。严格执行休药期制度，没有规定休药期的，在停药后 28 天方可出售。不允许直接添加兽药。严禁添加使用盐酸克伦特罗等违禁药品。

（4）配合饲料、浓缩饲料和添加剂预混合料按《无公害食品生猪饲养饲料使用准则》（NY 5032）执行。

2. 饲料配合

（1）各类原料的比例为：能量饲料 65%～72%，蛋白质饲料 15%～25%，矿物质饲料和预混料共占 3%，其中维生素和微量元素一般占 1%。

（2）饲料配合时参考《瘦肉型猪饲养标准》（NRC1998 第 10版），具体见表 2-2。

表 2-2　瘦肉型猪饲养标准

品　种		消化能（MJ）	粗蛋白质（%）	钙（%）	有效磷（%）	赖氨酸（%）
母猪	妊娠期	11.7～12.5	12～13	0.6	0.5	0.5～0.6
	哺乳期	12.2～13.4	13～15	0.65	0.5	0.6～0.7
仔　猪		13.4～14.2	18～22	0.7	0.6	0.9～1.1
育肥猪	20～60 千克	12.5～13.4	15～16	0.6	0.5	0.7～0.8
	60～110 千克	12.1～13.0	13～14	0.6	0.5	0.6～0.7

注：地方猪用下限，外种猪及杂交猪用上限。

3. 酶制剂的添加

在任何饲养阶段的猪饲料中分别添加 1 000 单位/千克甘露聚糖酶（酶活力 10 000 单位/克）＋1 000 单位/千克植酸酶（酶活力 10 000 单位/克）。

（四）兽药使用

按《无公害农产品兽药使用准则》（NY/T 5030）执行。

（五）卫生防疫

1. 猪场选址

符合前文场地环境中（1）、（2）的要求。

2. **建筑布局**　符合前文场地环境中（3）、（4）、（5）的要求。

3. **卫生防护和消毒设施**　符合前文猪舍类型及设备设施中⑧的要求。

4. **卫生制度**

（1）工作人员应定期体检。生产人员进入生产区时应消毒、更换衣鞋，工作服应保持清洁。猪场兽医不允许对外诊疗动物疾病，猪场配种人员不准对外开展猪的配种工作。非生产人员一般不允许进入生产区。

（2）定期对猪舍及周围环境进行消毒。定期更换消毒池的消毒液。

（3）猪只调出后，彻底清洗猪舍，并进行喷雾消毒或熏蒸消毒。

（4）定期对保温箱、补料槽、饲料车、料箱等进行消毒。

（5）猪舍内不得饲养其他畜禽。

（6）定期预防接种和驱虫。

（7）发生疫病或怀疑发生疫病时，应及时向当地畜牧兽医行政主管部门报告；确诊为发生重大疫情时，应配合当地畜牧兽医管理部门，对猪群实施严格的消毒、隔离、扑杀等措施。

（六）无害化处理

（1）猪场粪便经堆积发酵等方式进行无害化处理后用于还田。还田时，每头猪每年必须有 0.5 亩以上农用田地，避免造成环境污染和资源浪费。

（2）猪场污水经发酵、沉淀后才能作液体肥料使用，养猪场废水不得排入敏感水域和有特殊功能的水域。

（3）有治疗价值的病猪应隔离饲养，由兽医进行诊治。

（4）淘汰可疑病猪应采取不放血和不散播浸出物的方法进行扑杀，传染病猪尸体应进行无害化处理。

（七）清粪方式

清粪方式采用干湿分离方式，主要涉及的排污系统包括漏缝地板下的粪沟和中央污水暗渠。粪尿分离模式中粪道横向呈 V 形结构，横向及纵向都具有一定坡度，在粪道下方埋设导尿管，尿液透过漏缝地板到 V 形坡面之后流入中间导尿管中排出。粪尿混合模式相对简单，粪道底部是一个平面，纵向来看也没有坡度，粪和尿混合在一起通过刮粪机刮出（图 2-40 和图 2-41）。

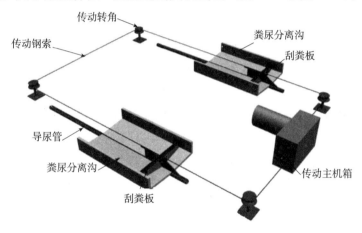

图 2-40　粪尿干湿分离的自动化清粪系统

二、减排效果及效益情况

环境友好型饲喂技术使育肥阶段猪尿氮的排泄量降低 28% 左右，育肥阶段猪粪尿污水中总磷排泄量降低 15.4%。妊娠期母猪尿氮排泄量降低 19% 左右，妊娠期母猪粪磷排泄量降低

图 2-41　干湿分离清粪系统中的刮粪板

15%左右。

本技术是在不改变猪各阶段营养标准和饲料配方的基础上，通过饲料中添加有效成分，实现降低粪尿中总氮和总磷排泄量的目的，因而对处于各个阶段的生猪生产指标均无显著影响。

生猪环境友好型饲喂技术主要是从饲料添加剂角度完成控制粪污排放，所以其主要的成本来自购买甘露聚糖酶和植酸酶等添加剂。此外，本技术并未对饲料配方的营养成分和比例进行任何调整，与生猪生产有关的指标并不受到影响。

依据1千克饲料中添加1 000单位的甘露聚糖酶（酶活力10 000单位/克）和1 000单位的植酸酶（酶活力10 000单位/克）计算，1吨猪饲料额外增加成本5.5元。

第三篇

农村生活污染防控技术

A/O 工艺

A/O 是厌氧/好氧（anoxic/oxic）英文单词的首字母缩写。A/O 工艺是由缺氧和好氧两部分组成的污水生物处理系统。它的优越性是除了使有机污染物得到降解外，还具有一定的脱氮除磷功能。

A 段池又称为缺氧池，或水解池。生物水解就是指复杂的有机物分子在缺氧条件下，由于水解酶的参与被分解成简单化合物的反应。生物水解反应实际上包括了水解和酸化两个过程，酸化可使有机物降解为有机酸。

污水在缺氧段后再进入好氧段，有机物被好氧微生物氧化分解，有机氮通过氨化作用和硝化作用转化为硝态氮，硝态氮通过污泥回流进入缺氧段；污水经缺氧段时，活性污泥中的反硝细菌利用硝态氮和污水中的 COD_{Cr} 进行反硝化用，使硝态氮转化为分子态氮而得到有效去除，达到同时去除有机物和脱氮的效果。

该技术主要适用于没有可利用的土地或者可利用的土地极少且对出水水质要求较高、实现了污水集中收集的地区。另外，由于该技术需要定期维护且运行中有能耗，故需要当地居民有一定经济承受能力。

该技术适用于进水浓度较高、处理要求高的项目。地埋式 A/O 系统适用于处理规模 20～200 吨/天的污水处理项目，地上式 A/O 系统适用于处理规模大于 200 吨/天的污水处理项目。

一、技术操作流程与基本要求

技术流程如图 3-1 所示。

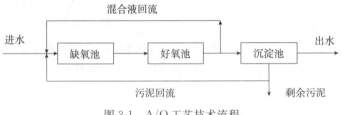

图 3-1　A/O 工艺技术流程

（一）进水水质参数

A/O 工艺进水水质要求如表 3-1 所示。

表 3-1　A/O 工艺进水水质要求

项目	C/N	SS（毫克/升）	NH$_3$-N（毫克/升）	TP（毫克/升）
A/O 工艺	≥8	≤200	≤30	≤3

（二）设计参数

A/O 工艺的主要设计参数宜根据试验材料确定，无试验材料时，可采用经验数据或者按以下数据取值。

水力停留时间：硝化 5～6 小时；反硝化不大于 2 小时，A 段：O 段＝1：3。

污泥回流比：50%～100%。

混合液回流比：300%～400%。

反硝化段 C/N：BOD$_5$/TN＞4，去除 1 克硝态氮理论 BOD$_5$ 消耗量为 1.72 克。

硝化段 TKN（凯氏氮）/MLSS 负荷率（单位活性污泥浓度单位时间内所能硝化的凯氏氮）：<0.05 千克/（千克·天）。

硝化段污泥负荷率：BOD_5/MLSS<0.18 千克/（千克·天）。

混合液 MLSS 浓度：3 000～4 000 毫克/升。

溶解氧（DO）：A 段为 0.2～0.5 毫克/升；O 段为 2～4 毫克/升。

pH：A 段 pH 为 6.5～7.5；O 段 pH 为 7.0～8.0。

水温：硝化段为 20～30℃；反硝化段为 20～30℃。

（三）混合液回流比

混合液回流比见表 3-2，回流比的大小直接影响反硝化脱氮效果。回流比增大，脱氮率提高，但增加电能消耗，从而增加运行费用。

表 3-2　A/O 工艺脱氮率与混合液回流比关系

单位：%

回流比	50	100	200	300	400	500	600
脱氮率	33.3	50.0	66.7	75.0	80.0	83.3	85.0

二、减排效果及效益情况

BOD_5 的去除率较高，可达 90%～95%，脱氮率为 70%～80%，除磷率为 20%～30%。

该工艺对生活的影响主要体现在噪声和臭气两个方面：首先是好氧池曝气设备运行时可能产生较大噪声，对居民生活造成不利影响，因此在设计曝气设备房时应做好隔音处理；然后是缺氧池在有机物分解过程中可能会产生臭味气体，以及沉淀池污泥也有可能产生臭味气体。

处理后的污水水质达到《城镇污水处理厂污染物排放标准》的一级 B 类标准，主要指标如下：COD_{Cr} 为 60 毫克/升，NH_3-N 为 8 毫克/升，TN 为 20 毫克/升，TP 为 1 毫克/升，SS 为 20 毫克/升，pH 为 6～9。

A/O 工艺工程总投资为 9.34 万元，其中设备及安装费用 4.04 万元，土建费用 4.80 万元，其他费用 0.50 万元。运行过程中耗电 15.6 千瓦·时/天。

三、案例

江苏省扬州市江都区武坚镇黄思社区生活污水处理工程

1. **项目建设基本信息**　建设地点：江苏省扬州市江都区武坚镇黄思社区。生活污水处理量：300 吨/天。

2. **技术名称**　A/O＋人工湿地污水处理工艺。

3. **工艺设施**　调节池、缺氧池、好氧池、沉淀池、人工湿地、水泵、风机等。

4. **工艺流程**　工艺流程见图 3-2。

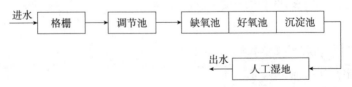

图 3-2　A/O＋人工湿地污水处理工艺流程

5. **建设和运行成本**　建设成本：5 000～7 000 元/吨。运行成本：0.4 元/吨。

6. 主要污染物去除效果　当进水 COD_{cr} 为 $125\sim325$ 毫克/升，出水 COD_{cr} 为 $36\sim60$ 毫克/升时，去除率为 $64\%\sim80\%$；当进水 NH_3-N 为 $15\sim30$ 毫克/升，出水 NH_3-N 为 $5.6\sim8$ 毫克/升时，去除率为 $57\%\sim74\%$。出水水质可达到国家《城镇污水处理厂污染物排放》中的一级 B 标准，脱氮效果显著。

7. 运行管理经验　采取自动运行、定期巡视即可，运行管理中注意对鼓风机、提升泵等设备定期检查。同时，注意清理格栅栅渣，并及时排出二沉池剩余污泥，防止悬浮固体进入后续的人工湿地。人工湿地植物冬季枯萎后，也应进行清理，防止形成二次污染。

8. 技术提供单位和设备供应单位信息　江都区龙华环境净化设备工程有限公司。

9. 典型案例　典型案例照片见图 3-3。

图 3-3　A/O＋人工湿地污水处理工艺典型案例

地下土壤渗滤系统

土壤渗滤是利用土壤渗滤性能和土壤表面植物处理污水的土地处理工艺类型。污水经过沉淀、厌氧等预处理后，有控制地通过布水器分流入各土壤渗滤管中，管中流出的污水向土壤厌氧滤层均匀渗滤，再通过表面张力作用上升，越过厌氧滤层出口堰后，通过虹吸现象连续向上层（好氧滤层）渗透。污水在渗滤过程中一部分被土壤介质截获，一部分被植物吸收，一部分被蒸发，通过土壤-微生物-植物系统的生物氧化、硝化、反硝化、转化、降解、过滤、沉淀、氧化还原等一系列综合作用使污水达到处理利用要求。

地下土壤渗滤系统是将污水有控制地投配到具有一定构造、距地面一定深度和具有良好扩散性能的土层中，污水在土壤毛管浸润和渗滤作用下向周围运动，在土壤-微生物-植物系统的综合净化功能作用下，达到处理利用要求的一种土地处理系统。地下土壤渗滤系统具有处理出水水质好、投资少、管理简单、装置位于地下不破坏景观、无臭味等优点，从而成为国内外日益受重视的污水处理方法。

地下土壤渗滤系统种类很多，归结起来可分为3类：土壤渗滤沟、土壤毛管渗滤系统、土壤天然净化与人工净化相结合的复合工艺，通常是将浸没生物滤池与土壤毛管浸润渗滤相结合。

地下土壤渗滤系统适合在农村推广，尤其是上海、江苏、浙江等城市化程度高、发展快的地区。这些地区人口密度大，除本地居民外，还有大量的外来居住人口流入。主要用于分散的居民点、休假村、疗养院等小规模污水处理，并与绿化相结合。地下土壤渗滤系统最突出的优点是所有处理装置均位于地下，不影响地表景观，对周围环境的不良影响很小。

应将布水管埋在冬季土壤温度不低于 10℃ 的位置。据相关资料记载，目前建设的工程水管最大埋深 1.5 米可正常运行，污水净化效果良好。

一般对场地土壤的要求如下：①土壤类型最好是壤土、沙壤土等；②土层厚度应在 0.6 米以上；③地面坡度＜15％；④土壤渗透率为 0.15～5.00 厘米/时；⑤地下水埋深＞1 米。

一、操作流程与基本要求

（一）进出水水质参数

地下土壤渗滤系统是一种自然生态净化与人工工艺相结合的小规模污水处理技术，最适宜处理的污水是生活污水，包括家庭生活的粪尿污水和杂排水，如洗浴水、厨房排水、冲洗地板和洗衣废水等。

地下土壤渗滤系统对生活污水浓度的要求不严格，它可以处理各种浓度的生活污水。如果要处理高浓度的污水，又要求出水浓度较低，在设计上采取一些措施就可以完成。本处理系统与其他土地处理系统一样，对悬浮固体尤其是能造成堵塞的各种物质要求必须去除，对难降解的物质要求也较严，一般生活污水中难降解物质不会大量存在。从各国的实用工程水质资料来看，地下土壤渗滤系统的进水水质控制的最佳状态是：BOD_5＜200 毫克/升，TOC（总有机碳）/BOD_5＜0.8。

（二）设计参数

工艺设计参数见表 3-3。

表 3-3　地下土壤渗滤系统的设计参数

项　目	参　数
污水投配方式	地下布水
水力负荷率（厘米/天）	0.2～4.0
最低处理要求	一级处理（化粪池）
土壤渗透率（厘米/时）	0.15～5.00（中）
是否种植植物	草皮、花木

（三）占地面积

本项工程的占地面积可以根据日本相关资料进行计算，按每人需建 2 米长的地下土壤渗滤沟就可以处理排出的污水计，若超过 5 人则按下列公式计算：$L = 10 + 2(n-5)$，$n \geqslant 5$。其中，L 指沟长，米；n 指人口数。

我国居民目前的生活水平和人均排污量都低于日本，但各地差别也较大，因此不同地区和城市可根据这一计算公式适当增减利用面积。

（四）基质选择

选择填充基质时一般需遵循以下原则：基质必须具有较好的团粒结构且稳定性好，以避免系统堵塞；选用原始土壤，以保证系统内有大量的有机质和微生物，缩短培养驯化时间；基质必须未被重金属、有毒有机物污染。基质填充时，要使系统形成上部透水、通气，下部缺、厌氧的环境。

目前，在地下土壤渗滤系统中采用复合填料居多，主要以原位土壤、沙子、砾石为基本原料，并添加合适的辅料，如煤渣、沸石、矿渣、粉煤灰、钢渣、蛭石、石灰石、高炉渣、活性污泥、草炭土、稻壳和活性多孔介质等。基本原料与辅料之间通过不同的组合方式和优化配比来提高系统的污染物去除效果。

二、减排效果及效益情况

整个系统采用地埋式，地表可用作绿地、旱地、停车场、休闲运动场地等，工程占地一般为 $2.0 \sim 2.5$ 米^2/吨。投资成本根据系统、规模和场地条件而定，一般为 $1\,500 \sim 8\,000$ 元/吨。根据自然地形条件采用动力或无动力均可，运行费用一般为 $0.2 \sim 0.3$ 元/吨。

金山区廊淀岛农村生活污水处理工程是土壤渗滤技术在上海市的第一次应用。本工程对该村 119 户居民的生活污水采用地埋式土壤渗滤系统进行处理，根据居住点、河道及道路分布情况，共分为 3 处装置。设计处理水量 63 米^3/天，主体工程占地面积 $1\,167$ 米^2，管网总长为 $3\,070$ 米。工程总投资 113 万元，年运行成本约 $3\,500$ 元。

处理系统自 2008 年 1 月投入运行以来，运行稳定，成效明显。市水环境监测中心金山分中心每旬 1 次水质监测结果显示：该工程对 COD_{Cr}、BOD_5、$NH_3\text{-}N$、TN、COD_{Cr} 的处理，都取得了良好的效果，处理后水质达《城镇污水处理厂污染物排放》一级 B 标准。

三、案例

河北省石家庄市藁城区岗上镇故献村生活污水处理工程

1. **项目建设基本信息** 藁城区岗上镇故献村地处南水北调工程石津灌渠的北侧，已配套污水收集管网，现收集区域为165户，排水体制为雨污合流，目前经管网收集后的污水和村中8家餐饮小饭店排放的污水未经处理直接排入村前小河沟。工程设计规模50吨/天，于2013年10月投入运行，工程总投资29.69万元。工程由村民兼职运营，暂无人力成本，运行成本仅为污水提升所需的动力费，污水处理站年经营成本费用为945元，水经营成本为0.0525元/吨。

2. **技术名称** 人工快渗污水处理技术。

3. **工艺流程** 经管网截污收集后的生活污水通过格栅隔油后进入调节池调节水质水量，调节池兼具沉淀池功能，污水经泵提升后直接布水至人工快渗池，快渗池出水经生态沟处理后，出水达标排放。

4. **建设和运行成本** 工程总投资29.69万元。工程由村民兼职运营，暂无人力成本，运行成本仅为污水提升所需的动力费，污水处理站年经营成本费用为945元，1吨水经营成本为0.0525元。

5. **处理效果** 本工程出水排入农田沟渠，用于灌溉及周围环境美化，水质达到《城镇污水处理厂污染物排放》一级A标准。

6. **运行管理经验** 人工快渗系统运行维护简单，本项目仅配备1名兼职人员进行日常维护。人工快渗系统通过设备仪表进行自动控制，运行管理简单。

应保持设备设施清洁，及时处理跑、冒、滴、漏等问题；水处理构筑物堰口、池壁应保持清洁、完好；定期翻晒表面填料，避免板结，保证渗透速率；定期检查、维修各种设备设施及仪器仪表，并做好记录。

运行人员在正常工作时间内，每天进行 3 次全面巡视并如实填写相关记录。巡视范围包括提升泵、阀门、配电设备等的工作状态。在巡视过程中，需观察水源的污染程度，若水面油污严重或水质出现异常，应立即采取安全措施，同时向上级领导汇报，并随时观察出水口的水质情况，若发现水质较差，需及时调整快渗池运行方式。

7. 技术提供单位信息　本工程采用的人工快渗污水处理技术由深圳市深港产学研环保工程技术股份有限公司提供。

8. 典型案例　典型案例照片见图 3-4。

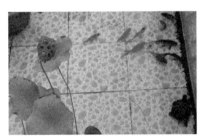

图 3-4　人工快渗污水处理技术典型案例

人 工 湿 地

人工湿地是模拟自然湿地的人工生态系统，一种由人工建造和控制的类似沼泽地面，将沙石、土壤、煤渣等一种或几种介质按照一定比例构成，并有选择性地植入植物的污水处理生态系统。在人工湿地系统处理污水过程中，污染物主要利用基质、微生物和植物复合生态系统的物理、化学和生物三重协调作用，通过过滤、吸附、沉淀、离子交换、植物吸收和微生物分解来实现污水的高效净化。

根据系统布水或水流方式的不同和差异，人工湿地系统可分为表面流人工湿地、潜流人工湿地和混合型人工湿地，潜流人工湿地又分为水平潜流人工湿地、垂直潜流人工湿地。鉴于不同系统的优势，不同类型的人工湿地可以相互组合使用。

人工湿地自发展以来，以其独特的优势广受人们关注，并广泛用于处理生活污水、工业废水、矿山及石油开采废水等。但是，人工湿地在实际应用过程中也暴露出了很多问题，如易受气候条件和温度的影响，基质易饱和、易堵塞，易受植物种类影响，占地面积较大，管理不合理，设计不规范，生态服务功能单一等。这些问题在一定程度上影响了人工湿地对污水的处理效果，缩短了人工湿地的使用寿命，阻碍了人工湿地的推广应用。

该技术适用于不受洪水、潮水或内涝的威胁，不影响行洪安全，且多年平均冬季气温在 0℃ 以上的地区；宜选择自然坡度为 0~3% 的洼地或塘，以及未利用土地。

建设规模应综合考虑服务区域范围内的污水产生量、分布情况、发展规划以及变化趋势等因素，并以近期为主、远期可扩建规模为辅的原则确定。当人工湿地的流量在 100 米³/天以上时，人工湿地池不宜少于 2 组；应用于农村地区的人工湿地规模不宜大于 3 000 米³/天。

一、技术操作流程与基本要求

（一）进水水质参数

人工湿地进水水质要求如表 3-4 所示。

表 3-4　人工湿地系统进水水质要求

单位：毫克/升

人工湿地类型	BOD_5	COD_{Cr}	SS	NH_3-N	TP
表面流人工湿地	≤50	≤125	≤100	≤10	≤3
水平潜流人工湿地	≤80	≤200	≤60	≤25	≤5
垂直潜流人工湿地	≤80	≤200	≤80	≤25	≤5

（1）污水的 BOD_5/COD_{Cr} XIAOUY<0.3 时，宜采用水解酸化处理工艺。

（2）污水的 SS 含量大于 100 毫克/升时，宜设沉淀池。

（3）污水中含油量大于 50 毫克/升，宜设出油设备。

（4）污水的 DO 含量小于 1.0 毫克/升时，宜设曝气装置。

（二）设计参数

人工湿地的主要设计参数宜根据试验材料确定，无试验材料时，可采用经验数据或按表 3-5 的数据取值。

表 3-5　人工湿地的主要设计参数

人工湿地类型	BOD$_5$负荷 ［千克/（公顷）·天］	水力负荷 ［米^3/（米^2·天）］	水力停留时间 （天）
表面流人工湿地	15～50	<0.1	4～8
水平潜流人工湿地	80～120	<0.5	1～3
垂直潜流人工湿地	80～120	<1（建议值：北方 0.2～ 0.5；南方 0.4～0.8）	1～3

（三）几何尺寸

1. 表面流人工湿地几何尺寸设计

（1）表面流人工湿地单元的长宽比宜控制在（3：1）～（5：1），当区域受限，长宽比＞10：1 时，需要计算死水曲线。

（2）表面流人工湿地的水深宜为 0.3～0.5 米。

（3）表面流人工湿地的水力坡度宜小于 0.5％。

2. 潜流人工湿地几何尺寸设计

（1）水平潜流人工湿地单元的面积宜小于 800 米^2，垂直潜流人工湿地单元的面积宜小于 1 500 米^2。

（2）潜流人工湿地单元的长宽比宜控制在 3：1 以下。

（3）规则的潜流人工湿地单元的长度宜为 20～50 米；对于不规则潜流人工湿地单元，应考虑均匀布水和集水的问题。

（4）潜流人工湿地水深宜为 0.4～1.6 米。

（5）潜流人工湿地的水力坡度宜为 0.5％～1.0％。

（四）基质选择

（1）基质选择应根据基质的机械强度、比表面积、稳定性、孔隙率及表面粗糙度等因素确定。

（2）基质选择应本着就近取材的原则，并且所选基质应达到设计要求的粒径范围。建议湿地填料分为 5 级，粒径由粗到细分为 Φ20～40 毫米、Φ10～30 毫米、Φ7～20 毫米、Φ5～10 毫米、Φ1～3 毫米，床体顶部铺设厚 20 厘米粗沙。

（3）对出水的氮、磷浓度有较高要求时，提倡使用功能性基质，如分子筛、陶粒等，提高氮、磷处理效果。

（4）潜流人工湿地基质层的初始孔隙率宜控制在 35%～40%。

（5）潜流人工湿地基质层的厚度应大于植物根系所能达到的最深处。

（五）植物选择

（1）人工湿地宜选用耐污能力强、根系发达、去污效果好，具有抗冻及抗病虫害能力、有一定经济价值且容易管理的本土植物。人工湿地出水直接排入河流、湖泊时，应谨慎选择凤眼蓝（凤眼莲）等外来入侵物种。

（2）人工湿地可选择一种或多种植物作为优势种搭配栽种，不仅增加植物的多样性还具有景观效果。

（3）潜流人工湿地可选择芦苇、水烛（蒲草）、荸荠、莲、水芹、水葱、茭（茭白）、香蒲、千屈菜、菖蒲、水麦冬、风车草、灯心草等挺水植物。表流人工湿地可选择菖蒲、灯心草等挺水植物；凤眼蓝、浮萍、睡莲等浮水植物；伊乐藻、茨藻、金鱼藻、黑藻等沉水植物。

（4）人工湿地植物的栽种移植包括种子繁殖、根幼苗移植、收割植物的移植以及盆栽移植等。

（5）人工湿地植物的种植时间宜为春季。

（6）植物种植密度可根据植物种类与工程要求调整，挺水植物的种植密度宜为 9～25 株/米^2，浮水植物和沉水植物的种植密度宜为 3～9 株/米²。

（7）垂直潜流人工湿地的植物宜种植在渗透系数较高的基质上；水平潜流人工湿地的植物宜种植在土壤上。

（8）应优先采用当地的表层种植土，如果当地原始土不适宜人工湿地植物生长时，则需进行置换。

（9）种植土壤的质地宜为松软黏土-壤土，土壤厚度宜为 20～40 厘米，渗透系数宜为 0.025～0.350 厘米/时。

二、减排效果及效益情况

人工湿地可有效减排污染物，能够储存水源，净化雨水，减少雨水中污染物的含量，实现水资源的合理利用。

以北京市延庆区上磨村污水处理项目为例，污水处理规模为 60 米³/天，建设投资 70 万元，占地面积 850 米²。操作维护简便易行，无复杂设备，年用电 1 642.5 千瓦·时，运行费用 821 元，1 吨水运行费用 0.037 5 元。

以上海市松江区泖港镇曹家浜污水净化站为例，采用工艺为组合式复合生物滤池-高负荷人工湿地联合工艺。服务 514 户家庭，共 1 756 人。基础设施建设费用 35.4 万元，设备投资 21.3 万元。处理 1 吨水耗电 0.07 元、人工费用 0.13 元，直接运行成本不超过 0.20 元。本污水处理站不采用任何药剂，因而无药剂费发生。

三、案例

南京市六合区横梁镇石庙村污水处理项目

1. **项目建设基本信息**　该工程为江苏省建设厅科技示范项

目，设计人口 530 人，设计处理水量 42.5 吨/天。

2. **技术名称** 厌氧池-接触氧化-人工湿地技术。

3. **工艺设施** 采用厌氧池-接触氧化-人工湿地技术，污水利用原有雨污合流制管道收集，厌氧池利用原有三格式化粪池。

接触氧化沟渠利用自然沟渠建设而成，平面尺寸约 96 米× 60 厘米，深约 0.78 米，实际水流深度 8~10 厘米，接触氧化沟渠上面加盖板。

人工湿地占地面积约 100 米^2，平面尺寸约 20 米×5 米。湿地填料分为 5 级，粒径由粗到细分为 $\Phi20$~40 厘米、$\Phi10$~30 厘米、$\Phi7$~20 厘米、$\Phi5$~10 厘米、$\Phi1$~3 厘米，床体顶部铺设厚 20 厘米粗沙。

4. **工艺流程** 工艺流程见图 3-5。

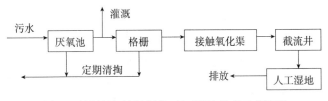

图 3-5 厌氧池-接触氧化-人工湿地技术工艺流程

5. **建设和运行成本** 项目总投资 6 万元（接触氧化渠和人工湿地的土建费用），无设备运行费用。

6. **运行效果** 2007 年 9 月 6 日与 9 月 13 日，系统的进、出水水质监测结果如表 3-6 所示。

表 3-6 进、出水水质监测结果

单位：毫克/升

检测日期	项目	COD_{cr}	$NH_3\text{-}N$	TN	TP
2007-09-06	进水浓度	58.1	20.9	24.0	2.25
	出水浓度	<10.0	9.12	9.67	1.02

（续）

检测日期	项目	COD$_{cr}$	NH$_3$-N	TN	TP
2007-09-13	进水浓度	99.8	40.7	45.5	3.80
	出水浓度	58.3	35.2	35.8	3.30

7. 典型案例　典型案例照片见图3-6。

接触氧化渠实地表观　　　　　　接触氧化渠内部

人工湿地（施工中）　　　　　　人工湿地（施工后）

图 3-6　厌氧池-接触氧化-人工湿地技术典型案例

稳　定　塘

稳定塘旧称氧化塘或生物塘，是一种利用天然净化能力对污水进行处理的构筑物的总称。其净化过程与自然水体的自净过程相似，主要利用菌藻的共同作用处理废水中的有机污染物。通常是将土地进行适当的人工修整，建成池塘，并设置围堤和防渗层，依靠塘内生长的微生物来处理污水。稳定塘污水处理系统具有基础建设投资和运转费用低、维护和维修简单、便于操作、能有效去除污水中的有机物和病原体、不需污泥处理等优点。

稳定塘是以太阳能为初始能量，通过在塘中种植水生植物，进行水产和水禽养殖，形成的人工生态系统。在太阳能（日光辐射提供能量）作为初始能量的推动下，通过稳定塘中多条食物链的物质迁移、转化和能量的逐级传递、转化，将进入塘中污水的有机污染物进行降解和转化，最后不仅去除了污染物，而且以水生植物和水产、水禽的形式作为资源回收，净化的污水也可作为再生资源予以回收再用，使污水处理与利用结合起来，实现污水处理资源化。

按照塘内微生物的类型和供氧方式来划分，稳定塘可以分为以下 4 类：好氧塘、兼性塘、厌氧塘和曝气塘。

稳定塘适用于中低污染物浓度的生活污水处理，适用于有山沟、水沟、低洼地或池塘以及土地面积相对丰富的地区。

污水稳定塘选址必须符合城镇总体规划的要求，应因地制宜利用废旧河道、池塘、沟谷、沼泽、湿地、盐碱地、滩涂等闲置土地。

塘址应选在城镇水源下游，并宜在夏季最小风频的上风向，与居民住宅的距离应符合卫生防护距离的要求。

塘址的土质渗透系数宜小于 0.2 米/天。塘址选择必须考虑排洪设施，并应符合该地区防洪标准的规定。塘址选择在滩涂时，应考虑潮汐和风浪的影响。

一、技术操作流程与基本要求

（一）进水水质参数

稳定塘进水水质要求如表 3-7 所示。

表 3-7 稳定塘进水水质要求

单位：毫克/升

项　　目	BOD_5	COD_{Cr}	SS
进水浓度	≤300	≤500	≤400

稳定塘系统中设有厌氧塘时，进水 BOD_5 浓度可放宽至 800 毫克/升。

（二）设计参数

稳定塘的主要设计参数宜根据试验材料确定，无试验材料时，可采用经验数据或按表 3-8 给出的数据取值。

表 3-8 稳定塘的主要设计参数

稳定塘类型		BOD_5 负荷［千克/（万米²·天）］			有效水深（米）	处理率（%）	进塘 BOD_5 浓度（毫克/升）
		Ⅰ区	Ⅱ区	Ⅲ区			
厌氧塘		200	300	400	3～5	30～70	≤800
兼性塘		30～50	50～70	70～100	1.2～1.5	60～80	<300
好氧塘	常规处理塘	10～20	15～25	20～30	0.5～1.2	60～80	<100
	深度处理塘	<10	<10	<10	0.5～0.6	40～60	

（续）

稳定塘类型		BOD₅负荷〔千克/（万米²·天）〕			有效水深（米）	处理率（％）	进塘 BOD₅浓度（毫克/升）
		Ⅰ区	Ⅱ区	Ⅲ区			
曝气塘	部分曝气塘	50～100	100～200	200～300	3～5	60～80	300～500
	完全曝气塘	100～200	200～300	200～400	3～5	70～90	

注：Ⅰ区指年平均气温在 8℃以下的地区；Ⅱ区指年平均气温在 8～16℃的地区；Ⅲ区指年平均气温在 16℃以上的地区。

（三）不同稳定塘的设计

稳定塘单塘宜采用矩形塘，长宽比不应小于(3：1)～(4：1)。利用旧河道、池塘、洼地等修建稳定塘，当水利条件不利时，宜在塘内设置导流墙（堤）。

稳定塘系统可由多塘组成，或分级串联或同级并联。多级塘系统中，单塘面积不宜大于 4.0×10^4 米²，当单塘面积大于 0.8×10^4 米²时，应设置导流墙（堤）。

1. 厌氧塘

（1）厌氧塘并联数目不宜小于 2。处理高浓度有机废水时，宜采用二级厌氧塘串联运行。在人口密集区，不宜采用厌氧塘。

（2）厌氧塘可采取加设生物膜载体填料、塘面覆盖和在塘底设置污泥消化坑等强化措施。

（3）厌氧塘深度一般为 2.0 米以上。

（4）厌氧塘应从底部进水和淹没式出水。当采用溢流出水时，在堰和孔口之间应设置挡板。

2. 兼性塘

（1）兼性塘可与厌氧塘、曝气塘、好氧塘、水生植物塘等组合成多级系统，也可由数座兼性塘串联构成塘系统。

（2）兼性塘系统可采用单塘，在塘内应设置导流墙（堤）。

（3）兼性塘深度一般为 1.2～1.5 米。

（4）兼性塘内可采取加设生物膜载体填料、种植水生植物和机械曝气等强化措施。

3. 好氧塘

（1）好氧塘可由数座塘串联构成塘系统，也可采用单塘。

（2）作为深度处理塘的好氧塘，总水力停留时间应大于15天。

（3）好氧塘可采取设置充氧机械设备、种植水生植物和养殖水产品等强化措施。

（4）好氧塘深度一般为 0.5 米左右。

4. 曝气塘

（1）曝气塘宜用于土地面积有限的场合，设计深度多为 2.0 米以上。

（2）曝气塘宜采用由一个完整曝气塘和 2～3 个部分曝气塘组成的系统。

（3）完全曝气塘的比曝气功率应为 5～6 瓦/米^3（塘容积）。

（4）部分曝气塘的曝气供氧量应按生物氧化降解有机负荷计算，其比曝气功率应为1～2 瓦/米^3（塘容积）。

二、减排效果及效益情况

污水通过预处理、厌氧塘、兼性塘及曝气塘等处理后，污染物减排效果非常明显。

稳定塘污水处理技术的另一个优点就是污泥产生量小，仅为活性污泥法污泥产生量的 1/10。前端处理系统中产生的污泥可以送至该生态系统中的藕塘或芦苇塘或附近的农田，作为有机肥加以利用。前端带有厌氧塘或兼性塘的塘系统，通过厌氧塘或兼性塘底部的污泥发酵坑使污泥发生酸化、水解和甲烷发酵，从而使有机固体颗粒转化为液体或气体，可以实现污泥等零排放。

将净化后的污水引入人工湖中，用作景点和公园水景的水源。由此形成的处理与利用生态系统不仅将成为有效的污水处理设施，而且将成为现代化生态农业基地和游览胜地。但是，若设计或运行管理不当，则会造成二次污染；易产生臭味和滋生蚊蝇，对附近居民生活造成不良影响。

三、案例

南京市江宁区禄口街道石埝村生活污水处理工程

1. **项目建设基本信息** 该工程按照 150 户规模、人均污水排放量 100 升/天设计，计划处理水量 52.5 吨/天，现有农户 86 户 280 人。

2. **技术名称** 厌氧滤池-氧化塘-生态渠技术。

3. **工艺流程** 工艺流程见图 3-7。

图 3-7　厌氧滤池-氧化塘-生态渠技术工艺流程

厌氧滤池利用原有的净化沼气池，氧化塘内设置一台 150 瓦的小型鱼塘曝气机，间歇运行。水培植物净化渠和生态渠利用原有灌渠进行改造，水培植物净化渠内种植水芹，生态渠采用生态混凝土护坡，并种植挺水植物。出水利用自然地势进行跌水。

4. **相关指标** 工程处理设施（厌氧滤池＋氧化塘＋生态渠）土建费用约 12 万元，每月曝气机运行电费约 30 元，指定 1 名环卫工人不定期兼职维护工作。工程于 2007 年 11 月开始运行，2008 年 3 月 12 日对其进出水和净化沼气池出水进行监测，主要污染物指标数据见表 3-9。

表 3-9　厌氧滤池-氧化塘-生态渠工艺污染物指标

项目	pH	COD$_{Cr}$（毫克/升）	SS（毫克/升）	NH$_3$-N（毫克/升）	TP（毫克/升）
进水浓度	7.8	314	28	65.1	5.23
净化沼气池出水浓度	7.8	177	26	50.3	3.54
出水浓度	8.5	68.5	<20	27.6	1.82

5. 典型案例　典型案例照片见图 3-8。

氧化塘　　　　　　　　　　　　　跌水

水培植物净化渠　　　　　　　　　生态渠

图 3-8　厌氧滤池-氧化塘-生态渠技术典型案例

垃圾就地处理技术
——自然通风堆肥＋填埋技术

一、技术概述

（一）自然通风堆肥

好氧堆肥通风方式分为自然通风、定期翻堆、被动通风和强制通风（机械通风）。选择合适的堆肥通风方式，需要综合考虑经济技术条件、物料利用率、运输和操作费用、设备维护和管理、工作人员培训、场地等因素。在实际运用中，自然通风、定期翻堆、被动通风方式常用于条垛式堆肥系统，强制通风（机械通风）方式常用于强制通风静态垛和大多数反应器堆肥系统。自然通风即表面扩散供氧，是利用垃圾堆体表面与堆体内部氧的浓度差产生扩散，使氧气与物料接触从而为垃圾发酵提供氧气。经理论计算，通过表面扩散供氧，在一次发酵阶段只能保证离表层22厘米内有氧气。显然，此种通风方式仅适用于小规模堆肥。对大规模堆肥而言，堆体内部容易出现厌氧状态，堆肥过程升温与降温非常缓慢，从而会延长堆肥周期；对小规模堆肥而言，此种通风方式可节省能源，适合经济发展水平较低地区生活垃圾的就地处理。

（二）填埋

垃圾填埋是我国目前大多数城市解决生活垃圾出路的最主要

方法，根据工程措施是否齐全、环保标准能否满足来判断，可分为简易填埋场、受控填埋场和卫生填埋场3个等级。

1. **简易填埋场**（Ⅳ级填埋场） 这是我国传统沿用的填埋方式，其特征是：基本没有工程措施，或仅有部分工程措施，也未执行相关环保标准。目前，我国约有50%的城市生活垃圾填埋场属于Ⅳ级填埋场。Ⅳ级填埋场为衰减型填埋场，它不可避免地会对周围的环境造成严重污染。

2. **受控填埋场**（Ⅲ级填埋场） Ⅲ级填埋场目前在我国约占30%，其特征是：虽有部分工程措施，但不齐全；或者是虽有比较齐全的工程措施，但不能满足相关环保标准或技术规范。目前，主要问题集中在场底防渗、渗滤液处理、日常覆盖等不达标。Ⅲ级填埋场为半封闭型填埋场，也会对周围的环境造成一定的影响。

3. **卫生填埋场**（Ⅰ、Ⅱ级填埋场） 卫生填埋场是采取防渗、铺平、压实、覆盖对城市生活垃圾进行处理和对气体、渗沥液、蝇虫等进行治理的垃圾处理方法。这是近年来我国不少城市开始采用的生活垃圾填埋技术，其特征是：既有比较完善的环保措施，又能满足或大部分满足相关环保标准。Ⅰ、Ⅱ级填埋场为封闭型或生态型填埋场，其中Ⅱ级填埋场（基本无害化）目前在我国约占15%，Ⅰ级填埋场（无害化）目前在我国约占5%。

自然通风堆肥＋填埋技术适用于巢湖、辽河流域村庄及人口分布较稀少的地区，且此地区有农田消耗堆肥产品。生活垃圾经源头分类处理后，有机废弃物适宜以村为单位进行自然通风静态垛堆肥，自然通风堆肥规模不宜大于0.5吨/天，分类后的其他不可回收组分进行填埋处理。

二、技术操作流程与基本要求

（一）自然通风堆肥

1. 堆肥原料　堆肥原料应是农村生活垃圾和其他可作为堆肥原料的垃圾。堆肥原料应符合下列要求：①含水率宜为40％～60％；②有机物含量为20％～60％；③碳氮比为20～30；④重金属含量指标应符合《城镇垃圾农用控制标准》的规定。

2. 条垛式堆肥工艺

（1）堆制条垛。条垛式堆肥工艺流程见图3-9。定期翻堆条垛式堆肥系统即将堆肥物料堆成条垛状，通过定期翻堆来实现堆体的有氧状态，属于自然通风。如图3-10所示，条垛的横切面形状没有严格要求，可以是梯形、不规则四边形或三角形，在供氧充分的情况下进行发酵。条垛堆制的大小必须给予充分考虑，如果堆体体积太小，抗气候因素的能力弱，极易导致堆肥发酵中断，堆体自身温度散失较快，不能很好地维持高温阶段，导致腐熟不完全，从占地面积考虑，处理等量的废弃物，小堆体所需的土地面积更大；反之，如果堆体体积过大，通透性会减弱，堆体内部氧气含量低，容易发生厌氧发酵。最普遍的形状是宽3～5米、高2～3米的梯形条垛，也可根据规模而定。条垛之间留足间隙，以便于翻抛机操作，一般留0.8～1.2米。一次发酵周期

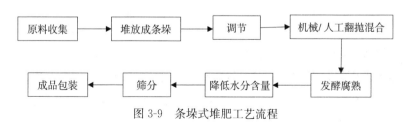

图3-9　条垛式堆肥工艺流程

为 1～3 个月。

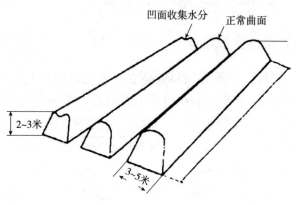

图 3-10　条垛式堆肥

(2) 调节。条垛式堆肥运行中一般需要添加一定比例的秸秆、玉米芯、花生壳、蘑菇渣等调理剂，一方面降低物料容重及含水率，有利于好氧发酵；另一方面提供碳源，控制 NH_3 扩散，利于堆肥保氮。

调节主要是调节含水率和 C/N。含水率过低会影响微生物正常的新陈代谢，不利于有机物分解和堆肥温度的提升；含水率过高则会堵塞堆肥物料中的孔隙，导致含氧量不足，影响发酵效率和有机肥的品质。C/N 过高，氮素不足，导致微生物不能正常繁殖和作用；C/N 过低，过量的氮素转变成 NH_3 引起氮素损失，并会污染环境。条垛式堆肥一般要求含水率为 60% 左右，C/N 为 30 最佳。

物料含水率偏低，可添加污水、人粪尿等来调节水分；物料含水率过高，可以采用机械压缩脱水，也可以在场地和时间允许的条件下将物料摊开蒸发水分，还可以在物料中加入稻草、木屑、干叶等松散物或吸水物，还可以掺入调理剂，干调理剂对控制湿度较有利。

物料 C/N 过低，说明含碳量不足，可以补充碳含量高而氮含量少的材料，如秸秆、木屑、稻草等；物料 C/N 过高，说明含氮量不足，可添加畜禽粪便等高氮材料。

(3) 翻堆。翻堆可以人工或采用特有的机械设备进行。翻堆频率受多种条件的影响，但初期显著高于后期。在堆肥开始的2～3周内一般每隔 3～4 天翻堆 1 次，然后 1 周左右翻堆 1 次。若以温度作为翻堆指标则更为合理，但有机质含量高的固体废弃物在初期则需要频繁翻堆，经济上不合算。翻堆要求内外相调，上下换位，以保证物料能均匀发酵。每次翻堆时应检查基料失水情况，根据天气情况加入少许水分，一般每次翻堆可按料水比（1∶0.1）～（1∶0.2）加水。翻堆后也应监测温度情况。定期翻堆条垛式堆肥系统一般堆在沥青水泥或者其他坚固的地面上。

3. **堆肥制品**　堆肥制品必须符合《城镇垃圾农用控制标准》的规定；堆肥制品可按用途分别制成初级堆肥、腐熟堆肥和专用堆肥等不同品级；堆肥制品宜存放在有一定规模、具有良好通风条件和防雨淋的设施内。

（二）填埋

填埋库区的占地面积宜为总面积的 70%～90%，不得小于60%。填埋场宜根据填埋场处理规模和建设条件做出分期和分区建设的安排与规划。

填埋场主体设施应包括计量设施、基础处理与防渗系统、地表水及地下水导排系统、场区道路、垃圾坝、渗沥液导流系统、渗沥液处理系统、填埋气体导排及处理系统、封场工程及监测设施等。

填埋场配套工程及辅助设施和设备应包括进场道路、备料场与供配电、给排水设施，生活和管理设施，设备维修、消防和安全卫生设施，车辆冲洗、通信、监控等附属设施或设备。填埋场宜设置环境监测室、停车场，并宜设置应急设施（包括垃圾临时存放、紧急照明等设施）。

　　填埋场必须进行防渗处理，防止对地下水和地表水造成污染，同时还应防止地下水进入填埋区。人工合成衬里的防渗系统应采用复合衬里防渗系统，位于地下水资源贫乏地区的防渗系统也可采用单层衬里防渗系统，在特殊地质和环境要求非常高的地区，库区底部应采用双层衬里防渗系统。

　　填埋物进入填埋场必须进行检查和计量。垃圾运输车辆离开填埋场前宜冲洗轮胎和底盘。填埋应采用单元、分层作业，填埋单元作业工序应为卸车、分层摊铺、压实，达到规定高度后应进行覆盖、再压实。每层垃圾摊铺厚度应根据填埋作业设备的压实性能、压实次数及垃圾的可压缩性确定，厚度不宜超过 60 厘米，且宜从作业单元的边坡底部至顶部摊铺，垃圾压实密度应大于 600 千克/米^3。每个单元的垃圾高度宜为 2～4 米，最高不得超过 6 米；单元作业宽度按填埋作业设备的宽度及高峰期同时进行作业的车辆数确定，最小宽度不宜小于 6 米；单元的坡度不宜大于 1：3。每个单元作业完成后，应进行覆盖，覆盖层厚度宜根据覆盖材料确定，土覆盖层厚度宜为 20～25 厘米；每个作业区完成阶段性高度后，暂时不在其上继续进行填埋，应进行中间覆盖，覆盖层厚度宜根据覆盖材料确定，土覆盖层厚度宜大于 30 厘米。填埋场填埋作业达到设计标高后，应及时进行封场和生态环境恢复工作。

三、案例

（一）研究区域情况概述

1. **研究区域自然和社会因素情况**　江苏省宜兴市大浦镇总

面积 45.5 千米², 总人口 3.4 万人, 下辖 18 个行政村, 2 个居委
会, 是江苏省新型示范小城镇和江苏省卫生镇。大浦镇位于宜兴
市东郊 3 千米处, 东濒太湖, 属亚热带季风气候, 四季分明, 温
和湿润, 雨量充沛, 年平均气温 15.5℃。

　　2. 生活垃圾产生状况调查　　生活垃圾产生状况调查区域为
宜兴市下属大浦镇沿太湖的 2 个行政村: 洋渚村和渭渎村 (距宜
兴市城区约 15 千米), 其基本的人口与经济状况见表 3-10。村民
的收入来源均以第二、三产业为主 (占 90% 左右), 与太湖地区
农村现状一致, 其中洋渚村有约 10 000 米²第三产业经营面积。

表 3-10　研究区域人口和经济状况

项　　目		洋渚村	渭渎村
总户数 (户)		860	779
人口数 (人)		2 640	2 580
暂住人口/常住人口		0.21	0.14
人口密度 (人/千米²)	全村域	1 015	683
	居住区	3 718	1 897
村域总面积 (千米²)		2.60	3.78
人均年收入 [元/ (人·年)]		5 920	5 420

　　研究区域生活垃圾产生特征见表 3-11、表 3-12 和图 3-11。
由表 3-11 可见, 所调查的 2 个行政村的垃圾人均产生率差异较
大。通过比较 2 个行政村的社会经济条件, 可以发现, 造成差异
的主要因素是人口密度和人均耕地面积, 二者都通过对村民生活
模式的影响, 而改变生活垃圾产生状况。居住区人口密度大, 限
制了村民由家庭养殖和自留地还田对垃圾的消纳量; 耕地面积少
则务农人口少, 非务农人口消费品的外购量大于务农人口, 产生
的垃圾也多。这些与调查结果均一致。尽管如此, 由于 2 个行政

村生活垃圾产生途径仍基本相同，生活垃圾组成（表3-12）接近；同时，在2个行政村所属的大浦镇19个行政村中，人口密度和人均耕地面积分别排列第三、十五位和第十四、四位。因此，这2个行政村的平均值基本可以代表研究区域的生活垃圾产生特征。显然，农村生活垃圾人均产生率和产生密度均远低于相同区位的城市，分别为城市的1/5和1/75左右；而组成则与之相近，均以食品类有机垃圾为主；且产生量的季节性波动也相似，波动的原因主要由蔬菜、果类消费的季节性变动所引起。

表3-11　研究区域农村生活垃圾产生量

项目	洋渚村	渭渎村	平均
垃圾人均产生率［千克/（人·天）］	0.27	0.15	0.21
垃圾产生密度［吨/（千米²·天）］	0.27	0.10	0.18

表3-12　研究区域农村生活垃圾组成

单位：%

垃圾分类	垃圾名称	平均值
有机垃圾	食品垃圾	51.7
	草木	2.2
	小计	53.9
无机垃圾	灰土	4.3
	渣石	1.4
	制陶废物	10.4
	小计	16.1
废品	塑料	14.6

（续）

垃圾分类	垃圾名称	平均值
	纸类	8.8
	玻璃	2.1
	金属	0.4
	布类	3.2
	其他	0.6
	小计	29.7
毒害性垃圾		0.3

注：煤灰及煤渣石已由源头直接分流，生活垃圾组成不再包含该部分垃圾。

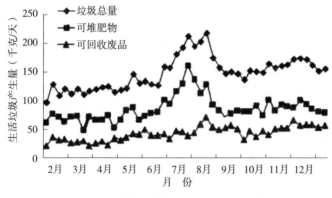

图 3-11 洋渚垃圾产生量随季节的变化

（二）研究区域自然通风堆肥技术简介

1. 生活垃圾产生量 农村生活垃圾的产生密度小，而垃圾无害化和资源化又要求处理达到一定的规模，因此需将垃圾集中至各村收集房处理。根据大浦镇的具体情况，各行政村的垃圾产生量为 450 千克/天，其中有机垃圾（可堆肥垃圾）占到 53.9%，即 242.55 千克/天。考虑到垃圾产生量的浮动情况，村收集房堆肥厂处理容量设计为0.5吨/天。

2. **堆肥工艺**　分流收集后需处理的垃圾有毒害、惰性、可堆肥3类：毒害垃圾应集中至当地县级市处理设施处置，惰性垃圾由各村自行进行填埋处理，可堆肥垃圾则集中至各村收集房堆肥厂处理后农用。考虑到提高堆肥销售率并提供销售盈利途径，应采用腐熟堆肥深加工为复合肥的方式。主要特点是：依托源头分拣，不再设预分选，条垛式自然通风堆肥1、2次发酵见图3-12，后分选并精制复合肥。

图 3-12　条垛式自然通风堆肥

3. **经济可行性**　根据11个月的实践情况，洋渚村生活垃圾收集与源头分拣成本核算见表3-13。经入户调查，村民对垃圾管理的支付意愿为每户每月3～5元，目前运行中的垃圾收集示范成本为每户每月3.4元，渴望通过村民缴费实现长效运行。

表 3-13　农村生活垃圾收集分拣成本测算

项目	费用
收集分拣工人工资	500 元/月
水电费	30 元/月

（续）

项目	费用
设备维护费	20 元/月
合计	550 元/月
户均收集成本	3.4 元/（户·月）

注：服务户数为 163 户。

根据前述的技术方式和处理容量，农村生活垃圾运输和堆肥化处理及农家肥加工成本的测算结果见表 3-14（根据工艺按 0.5 吨/天处理规模做土建设计、设备选型及工程概预算的结果），成品与有机肥市场价比较见表 3-15。可见，通过复合农家肥成品销售平衡全厂成本（含运输）是有潜在可能的。

表 3-14　堆肥厂投资、运行成本概算

单位：万元/年

项目	投资成本	运行成本
垃圾运输	0.47	0.19
堆肥处理	15.72	0.84
农家肥加工	12.47	1.71
合计	28.66	2.74

表 3-15　堆肥成品成本与有机肥市场价比较

产品类型	总成本与市场价之比	运行成本与市场价之比
堆肥成品（含运输成本）	2.64	1.14
农家肥成品（含运输、堆肥成本）	0.91	0.49

注：堆肥市场价以 100 元/吨计，农家肥市场价以 500 元/吨计。

图书在版编目（CIP）数据

乡村绿色生产生活技术16例/张庆忠，梅旭荣，朱昌雄主编 . —北京：中国农业出版社，2019.12

（农家书屋助乡村振兴丛书）

ISBN 978-7-109-26410-6

Ⅰ. ①乡…　Ⅱ. ①张…　②梅…　③朱…　Ⅲ. ①绿色农业－无污染技术－案例－中国　Ⅳ. ①S-0

中国版本图书馆 CIP 数据核字（2019）第 278922 号

中国农业出版社出版

地址：北京市朝阳区麦子店街 18 号楼

邮编：100125

责任编辑：阎莎莎

版式设计：王　晨　责任校对：吴丽婷

印刷：中农印务有限公司

版次：2019 年 12 月第 1 版

印次：2019 年 12 月北京第 1 次印刷

发行：新华书店北京发行所

开本：880mm×1230mm　1/32

印张：5

字数：136 千字

定价：20.00 元

版权所有·侵权必究

凡购买本社图书，如有印装质量问题，我社负责调换。

服务电话：010-59195115　010-59194918